AF290273

Autor: Helfried Albert
Bilder: Helfried Albert
Umschlaggestaltung, Illustration: Helfried Albert
Umschlagsbild: Fritzi Hebestadt
Korrektorat tredition GmbH

Verlag & Druck: tredition GmbH, Halenreie 40-44, 22359 Hamburg

ISBN: 978-3-347-17095-7 (Paperback)
ISBN: 978-3-347-17096-4 (Hardcover)
ISBN: 978-3-347-17097-1   (e-Book)

Bibliografische Information der Deutschen Nationalbibliothek: Die Deutsche Nationalbibliothek verzeichnet diese Publikation in der Deutschen Nationalbibliografie; detaillierte bibliografische Daten sind im Internet über http://dnb.dnb.de abrufbar.

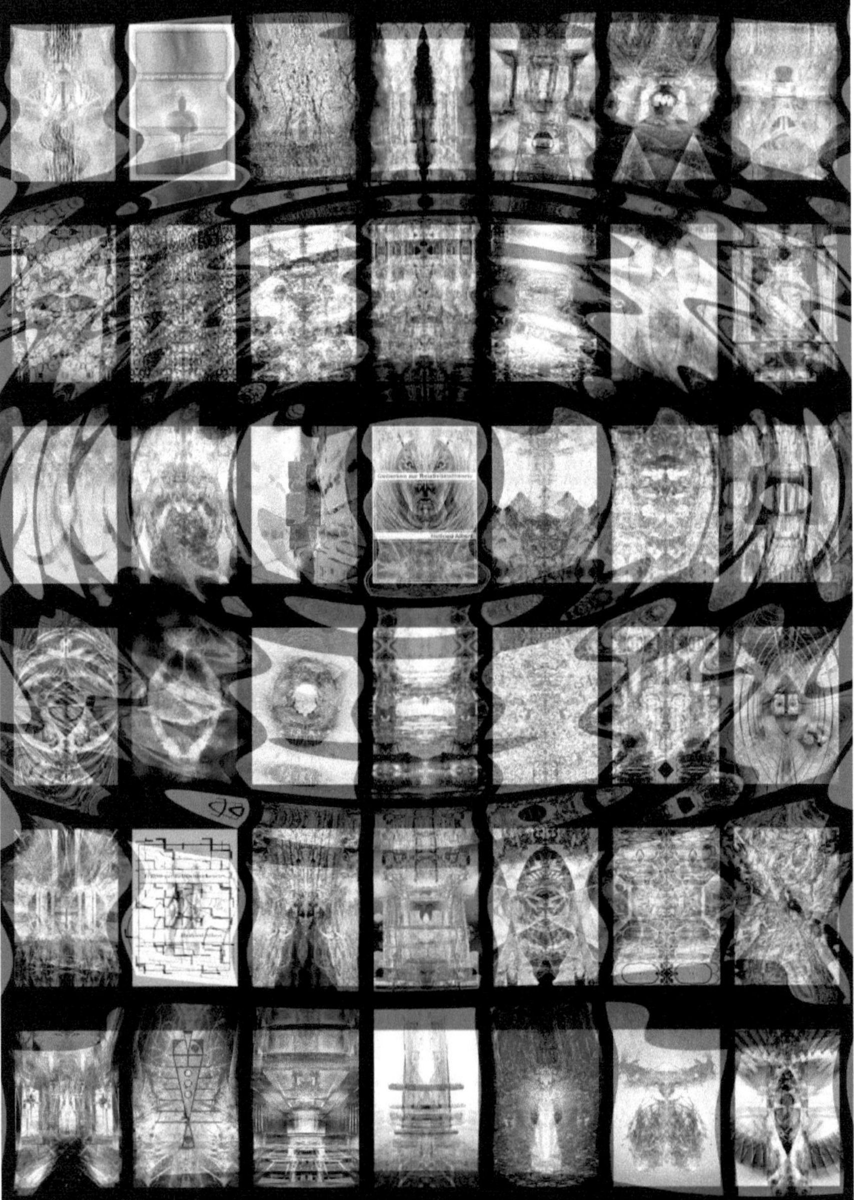

Die Enertialtheorie

oder alles eine Frage der Zeit?

Helfried Albert

Inhaltsverzeichnis

Prolog

An seinem Schreibtisch eingeschlummert, sitzt vornübergebeugt ein grauhaariger Mann, sein halb kahler Kopf ist in den Lichtkegel der Schreibtischleuchte gesunken und der Lüfter des Computers säuselt gleichförmig ein Schlaflied zum Takt der Wanduhr. Die Maus ist sanft geführt vom Pad geglitten als ein Zucken durch den Träumenden fährt. Wie auf Kommando haben sich drei Herren um den Schlafenden postiert. „Was schreibt der da?", fragt der Mann aus der Mitte leise. „Es geht um die Zeit", antwortet ebenso flüsternd der links hinter dem Schlafenden Stehende. „ Er wird sich noch wundern! Bei mir ging es auch um die Zeit und obwohl ich einen akademischen Abschluss habe, wollte mir anfangs niemand glauben", sagt der Herr rechts hinter dem Stuhl, während er sich bedächtig über den Schnurrbart streicht. Ein wenig lauter werdend antwortet der links Stehende: „Es ist für keinen von uns leicht gewesen und das, obwohl es seinerzeit vereinzelt gebildete Menschen gab, die unsere Ansichten teilten. Wer aber sollte diesem armen Tropf glauben? Die einen, also wahrscheinlich die meisten, können diesen komplexen Zusammenhängen ohnehin nicht folgen und die anderen, die durch eine harte Schule jahrzehntelanger und anstrengender Studien zu verdienten Vertretern etablierter Lehrmeinungen aufgestiegen sind und nun Privilegien genießen, die dazu gedacht sind, ebendiese Lehrmeinungen weiterzuentwickeln, werden den Bildungsgrad zum Maßstab ihres Interesses machen und deshalb Kritik am System von diesem da nicht zulassen." Der langbärtige Mann hinter dem Stuhl fragt: „Und wenn er das alles philosophisch formulieren würde?" Die Antwort kam von rechts: „Heute ist Philosophie ein Hochschulfach und wird daher zu einer Anforderung, die er nicht erfüllen kann. Zudem müsste er ungezählte Philosophen überzeugen, deren Arbeiten auf völlig andere Grundlagen aufgebaut sind." Plötzlich ist eine nach Lindenblüten duftende Frau aus dem Dunkel in den Lichtschein der Schreibtischlampe getreten. Ohne die Anwesenden zu bemerken, legt sie eine Decke durch die Herren hindurch auf die Beine des Schlafenden. Mit den leise geflüsterten Worten: „ach, wenn du nur malen würdest" ist sie wieder im Dunkel des Zimmers verschwunden. Etwas irritiert ist der langbärtige Herr hinter dem Stuhl vollkommen unnötig einen Schritt zur Seite gewichen und fragt nun vorsichtig: „Vielleicht könnte ein Kunstobjekt daraus werden?" Weniger erstaunt und gerade so, als ob er den Auftritt der Frau erwartet hätte wiegt der rechts Stehende seinen Kopf und meint: „In dieser Zeit ist die Kunst frei, alles kann Kunst sein und ein akademischer Abschluss ist momentan keine Voraussetzung für ein Kunstwerk." Der Mann links am Stuhl schüttelt den Kopf und fragt: „Physik als Kunstobjekt? Pah, wer sollte so etwas ernst nehmen?" Daraufhin fragt der Herr aus der Mitte: „Und wenn er nun Bilder dazu machen würde?" Verzweifelt fasst der rechts Stehende zusammen: „Das ist der verrückteste und ungewöhnlichste Plan, von dem ich je gehört habe. Das Kunstwerk einer neuen physikalischen Theorie mit philosophischem Anspruch." Der in den Schlaf Gesunkene stöhnt kurz auf. „Ob der weiß was ihn erwartet?", fragt der Herr mit dem vollen Bart aus der Mitte. Ganz unvermittelt und leicht freudig erregt sagt der rechts Stehende: „Ich war schon eine Ewigkeit nicht mehr angeln." Er streift sich das wirre Haar nach hinten und fragt: „Wie wäre es, meine Herren, mit einer Angeltour auf dem tiefen See. Sie werden sehen, wie herrlich Ungewissheit sein kann."

Bestand

Um zu verstehen, wo die Probleme der modernen Physik ihren Ursprung haben, muss man den komplexen Verlauf der wissenschaftlichen Entwicklungsgeschichte nachvollziehen.

Aristoteles ist davon ausgegangen, dass eine Kraft erforderlich ist, um einen Körper in Bewegung zu versetzen und eine Kraft, um einen Körper in Bewegung zu halten. Erst Galileo Galilei erkannte das Trägheitsprinzip und nutzte dieses zur ersten konkreten Beschreibung der Bewegung von Körpern auf der Erde. Mit seinen Versuchen hat er nachgewiesen, dass alle Körper unabhängig von ihrer Masse und Größe im freien Fall zur Erde mit 9,8 m/s² beschleunigt werden. Reneé Descartes formulierte das allgemeine Prinzip der kräftefreien Bewegung erstmals eindeutig. Isaac Newton wandte das Trägheitsprinzip auch auf die Bewegungen außerirdischer Körper an und konnte mithilfe der Arbeiten von Christiaan Huygens zur Zentrifugalkraft und den Berechnungen von Johannes Kepler die Kräfte beschreiben die das Verhalten von Körpern überall im bekannten Universum bestimmen.

Erstes newtonsches Gesetz: *„Ein kräftefreier Körper bleibt in Ruhe oder bewegt sich geradlinig mit konstanter Geschwindigkeit.“*

(Ein kräftefreier Körper befindet sich in seinem Zustand der Ruhe oder der gleichförmigen Bewegung in einer geraden Linie, außer in der Situation, das er gezwungen ist, diesen Zustand durch prägende Kräfte zu verändern.)

Zweites newtonsches Gesetz: *„Kraft gleich Masse mal Beschleunigung.“*

(Die Änderung der Bewegung ist proportional zur einwirkenden Antriebskraft und wird in gerader Linie in die Richtung gehen, in die jene Kraft prägend wirkt.)

Drittes newtonsches Gesetz: *„Kraft gleich Gegenkraft“*

(Für jede Aktion gibt es immer eine gleiche entgegengesetzte Reaktion: oder es wirkt immer eine gleichgroße, aber entgegen gerichtete Kraft auf beide Körper.)

Die Bewegung wurde nun mithilfe von Bezugssystemen zu einer relativen Größe. Durch seine Versuche mit der Zentrifugalkraft (Eimer mit Wasser) konnte sich Isaac Newton zeitlebens nicht von der Vorstellung eines absoluten Raumes lösen. Zwei Jahrhunderte später erklärten die Vorstellungen von Ernst Mach den Raum als relativ. Die unabhängig von der Bewegung immer konstant gemessene Lichtgeschwindigkeit sowie die durch James Clerk Maxwell beschriebene endliche Geschwindigkeit der Kraftausbreitung in elektromagnetischen Feldern führte durch Albert Einstein mit seinem Postulat der Naturkonstanten Lichtgeschwindigkeit zu den Relativitätstheorien, welche eine relative und gekrümmte Raumzeit zur Folge haben. Danach erkannten die Wissenschaftler, dass sich Impuls und Ort eines elementaren Teilchens nicht exakt gleichzeitig messen lassen und so formulierte Werner Heisenberg mit der Quantenmechanik, dass in unserer Welt die elementaren Vorgänge nicht kausal determiniert sind.

Wissenschaftlich gesehen leben wir heute in einer Welt mit vom Zufall bestimmten elementaren Teilchen, in einer wer-weiß-wohin gekrümmten vierdimensionalen Raumzeit, in einer vom Beobachter abhängigen, relativen ständigen Bewegung, in einer relativen Zeit und in naher Zukunft ist zudem noch zu erwarten, dass uns durch die neu entdeckten verschränkten Teilchen auch die absolute Position verloren geht.

Noch Fragen?

Der Weltraum, unendliche Weiten, wir schreiben ...

das Jahr 2012, als ich erstmals begann, die Unendlichkeit des Raumes infrage zu stellen. Unendlichkeit!

Ein Begriff aus dem Nichtgreifbaren, Unfassbaren, Übergeordneten und der Mathematik. Für Isaac Newtons Berechnungen der Bewegung von Planeten und Sternen war die Unendlichkeit des Raumes erforderlich und ist seitdem eine Grundvoraussetzung in der Physik.

Danach hatte Albert Einstein den unendlichen Raum mit der relativen Zeit in der allgemeinen Relativitätstheorie zu einer Raumzeit verbunden.

Ich las in einem Buch von Stephen W. Hawking, dass die Raumzeit vermutlich mit einem Urknall begann und wahrscheinlich in einem schwarzen Loch (einer extremen Konzentration von Masse in einer Masse) enden würde.

In jenem Jahr 2012 war ich gerade auf der Suche nach der Ursache für die Konstanz der Lichtgeschwindigkeit und kam durch die vielen Gespräche mit meinem Freund über Anfang und Ende von Raum und Zeit auf den Gedanken, die Raumzeit nicht unabhängig von Masse zu sehen. Schließlich veränderte Masse die Raumzeit. Eine Verbindung von Masse und Raum zu einem Masseraum mit einem der Masse entsprechenden Zeitverhalten war nicht nur für die Klärung meiner Frage zur Lichtgeschwindigkeit hilfreich, sondern zog ungeahnte Konsequenzen nach sich. Viele resultierende Fragen führten zu einer veränderten Sicht und zu überraschend neuen Erkenntnissen. Dabei entstand ein neues komplexes Verständnis von Zeit, Raum und Sein.

Die Vorgabe von nur einem unendlichen Raum war damals für mich fragwürdig geworden. Einerseits lässt die Annahme eines aus einem Urknall (Entstehung der Raumzeit) hervorgegangenen, sich ausdehnenden Universums Zweifel an der Unendlichkeit des Raumes aufkommen. Andererseits wird es vermutlich nicht möglich sein, die Unendlichkeit des Raumes zu beweisen und so sollte eine solche Unendlichkeit als eine Glaubensfrage verstanden werden und die Vorstellung von der Endlichkeit des Raumes, zum Beispiel durch die Annahme von raumbildender Masse, vorerst als erlaubt gelten.

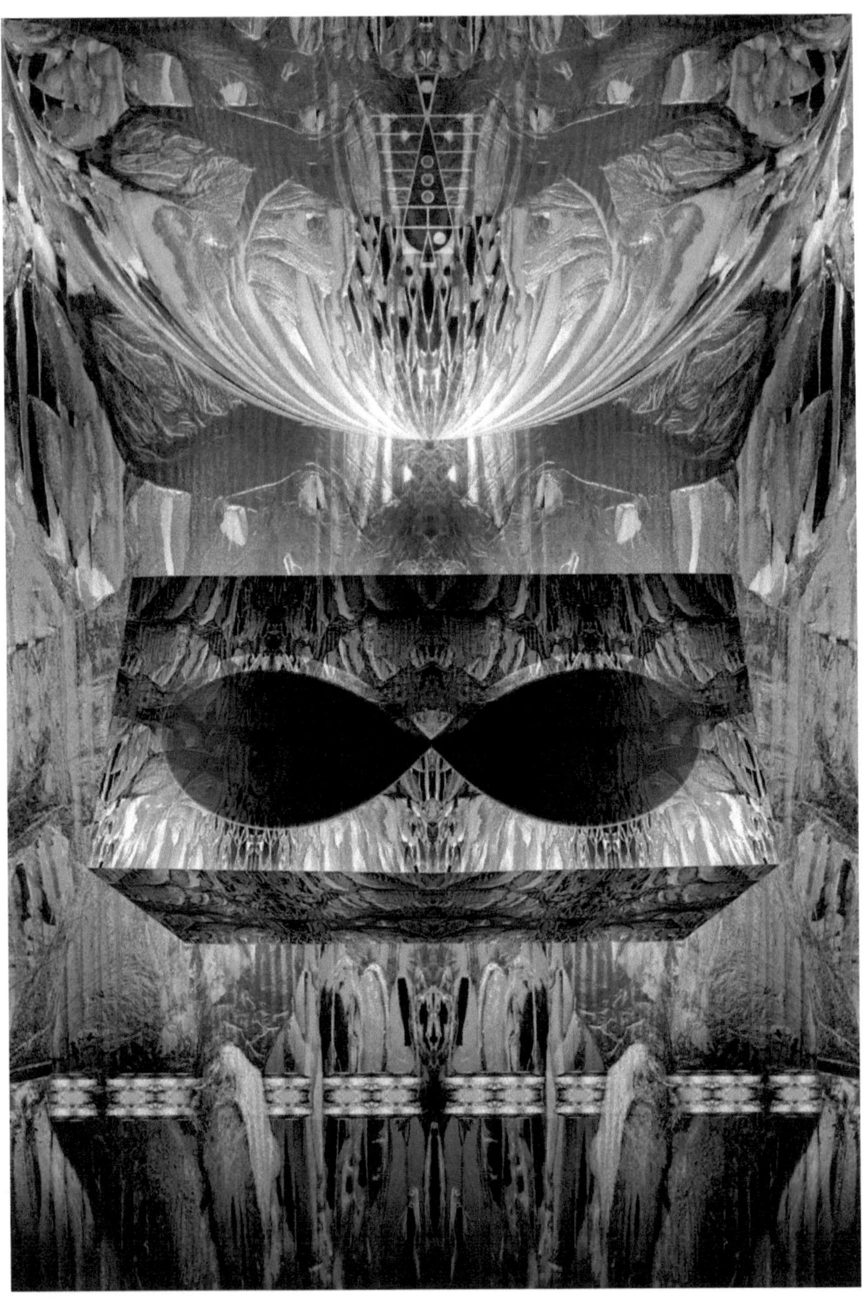

Die Unendlichkeit fordert einen Tribut

Die Bewegung wird seit Galileo Galilei mithilfe von Bezugssystemen als relativ gesehen. Bewegung beschreiben wir mit der Zeit, die ein Objekt für die Änderung seiner Position im Raum benötigt. Sprich: Weg durch Zeit. Eine Voraussetzung für die Relativität der Bewegung ist die Unendlichkeit. Ohne reale Grenzen des Raumes gibt es keine reale Mitte und damit keinen absoluten Bezugspunkt für die Bewegung. Obwohl Isaac Newton für seine Berechnungen der Bewegung von Planeten und Monden die Unendlichkeit als stabilisierende Komponente benötigte, konnte er aufgrund seiner Versuche zur Zentrifugalkraft nicht an einen relativen Raum glauben. (Ein an einem Seil hängender Eimer, der mit Wasser gefüllt ist, wird gedreht. Wenn das Wasser im Eimer beginnt mit zu rotieren, wird seine Oberfläche konkav und bleibt in dem Zustand, auch wenn der Eimer, der das rotierende Wasser umschließt, zum Stillstand gekommen ist.) Nur ein absoluter Raum konnte für Isaac Newton als Bezugspunkt und damit als Erklärung für die konkave Oberfläche des Wassers im Eimer dienen.

Kann es ohne einen absoluten Bezugspunkt für eine relative Bewegung einen absoluten Raum geben?

Die bekannte Formel Albert Einsteins beschreibt Energie als eine Summe der Masse multipliziert mit dem Quadrat der Lichtgeschwindigkeit. Hierbei soll die Lichtgeschwindigkeit als eine Konstante verstanden werden. Jedoch vergeht in der Nähe von großen Massen die Zeit langsamer und damit müsste sich auch die Geschwindigkeit des Lichtes verändern. Um in einer postulierten Unendlichkeit des Raumes die Lichtgeschwindigkeit als Konstante zu verstehen, müssen Räume als gekrümmt und idealisierte, theoretische Inertialsysteme angenommen werden. Weil die Bewegung seit Galileo Galilei mithilfe von Bezugssystemen als relativ gesehen wird und in Albert Einsteins Relativitätstheorie durch die Bewegungsenergie, aufgrund der Annahme einer Äquivalenz von Masse und Energie, die Masse vergrößert wird, folgt der relativen Bewegung die relativistische Masse, welche ebenso mithilfe der idealisierten, theoretischen Bezugssysteme berechnet wird. Für die Relativität der Bewegung ist die Unendlichkeit eine Voraussetzung. Damit erfordert die Annahme der Unendlichkeit eines Raumes idealisierte theoretische Bezugssysteme, um die Realität zu beschreiben und begründet auf diese Weise unsere heutige Sicht auf die Welt. Dies ist eine wissenschaftliche Weltsicht, die abhängig vom jeweiligen Betrachter Relativität von Bewegung und Zeit sowie einen unendlichen, von Masse gekrümmten Raum voraussetzt, eine konstante Lichtgeschwindigkeit postuliert, eine relativistische Masse akzeptiert und mit idealisierten theoretischen Inertialsystemen der Unendlichkeit zum Zweck der Berechenbarkeit Grenzen setzt.

Kann das richtig sein?

Das dritte Gesetz

Wenn man die gleichförmige Bewegung eines Körpers für eine Betrachtung voraussetzt, sollte man dann die Wirkung des vorausgegangenen energetischen Vorgangs dieser Bewegung vollständig in die Betrachtung einbeziehen, um alle Wirkungen berücksichtigen zu können?

„Auf jede Aktion folgt eine entsprechend große und entgegengesetzte Reaktion" Isaac Newton
Für eine gleichförmige Bewegung von Isaac Newtons Körper A oder B ist zwingend ein weiterer Körper erforderlich gewesen. Ohne ein weiteres Objekt hätte diese vorausgesetzte Bewegung nicht staatfinden können. Wenn ich nun die zwei Möglichkeiten dieser Bewegung (von Körper A oder Körper B) in Betracht ziehe, muss ich dann korrekterweise auch die zwei möglichen, zusätzlich beteiligten Körper voraussetzen und in diese Betrachtung einbeziehen?

1. **Impuls zwischen (C und A) oder zwischen (B und C*)**

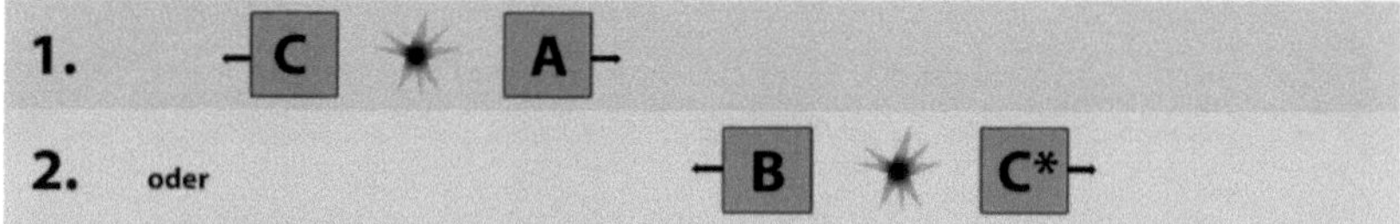

Seit Isaac Newton werden für diese Betrachtung der Bewegung nur Körper A und Körper B berücksichtigt.

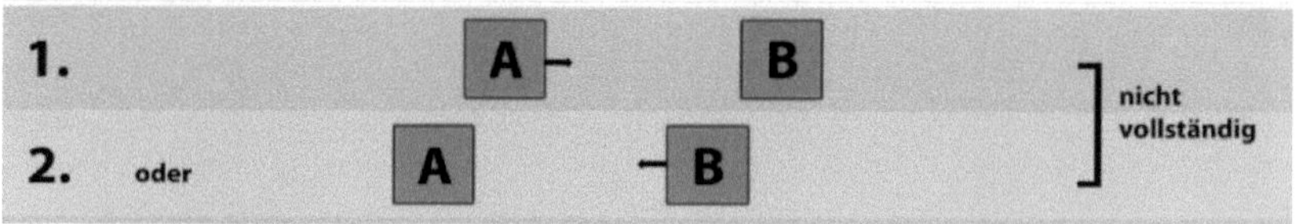

1. **AB kleiner**
2. **AB kleiner**

1. = 2. (im Raum ohne absoluten Ruhepunkt)

Aus Sicht von Körper B bewegt sich Körper A sowie sich aus Sicht von Körper A der Körper B bewegt und in der Unendlichkeit des Raumes gibt es keinen Grund, eine Sicht vorzuziehen.

(nach Isaac Newton)

Vollständig betrachtet ergibt sich aber ein anderes Bild:

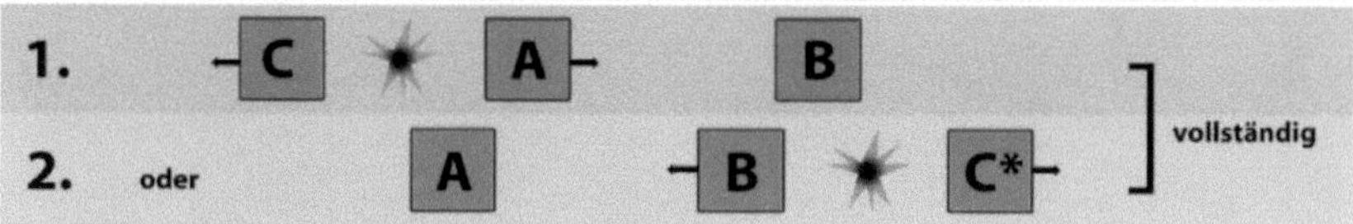

1. **AC wird 2-mal größer als BC, AB wird kleiner**
2. **BC wird 2-mal größer als AC, AB wird kleiner**

1. ≠ 2.

So gesehen ist es für den Beobachter auf Körper A wie auch für den Beobachter auf Körper B sehr leicht zu erkennen, welcher Körper sich bewegt und welcher nicht.

Wenn ich also durch eine nicht vollständige Betrachtung eines Vorgangs den Beteiligten einer Situation nicht die Möglichkeit einräume, diese vollständig zu erkennen, kann ich dann dem Zustand dieses realen Vorgangs den absoluten Charakter einfach aberkennen?

"

Wo ist die Energie?

Schon im Schulunterrichtsfach Physik haben wir vom Energieerhaltungssatz gehört: „Energie kann nur umgewandelt werden und nicht entstehen und nicht vergehen!"

Dort haben wir auch gelernt, die potentielle Energie zu berechnen. Wir nehmen also (hypothetisch) einen Stein von zwei vollständig identischen, auf dem Erdboden liegenden Steinen und tragen diesen über viele Treppen auf die Plattform eines hohen Turms. Wie in der Schule gelernt, finden wir nun die von uns aufgewendete Energie für den Transport, in der potentiellen Energie dieses Steins auf dem Turm wieder. Besitzt der Stein auf dem Turm nun die potentielle Energie? Müsste sich der Stein auf dem Turm dann in irgendeiner nachweisbaren Energieform von einem gleichen, am Boden zurückgebliebenen, Stein unterscheiden? Was ist potentielle Energie und wo befindet sie sich? Kann sie im Stein auf dem Turm gemessen werden? Der einzige anzunehmende Unterschied der beiden Steine ist die ungleiche Gravitationswirkung zwischen den Steinen und der Erde. Dabei ist die Wirkung der Gravitation zwischen dem Stein auf dem Turm und der Erde kleiner als die Wirkung der Gravitation zwischen dem am Erdboden verbliebenen Stein und der Erde. Die aufgewendete Energie für den Transport des Steins auf dem Turm kann sich demnach nicht in Gravitationswirkung umgewandelt haben. Wo steckt diese potentielle Energie? Würde sich diese Energie im Abstand befinden, dann müsste der Raum Energie tragen, damit objektgebunden sein und den Vorstellungen der Relativitätstheorien widersprechen. Zudem müsste der Raum ein Medium für Energie besitzen, welches nicht nachgewiesen werden konnte. Was unterscheidet also die beiden in unterschiedlicher Höhe ruhenden Steine? Wie berechnen wir die potentielle Energie des auf dem Turm liegenden Steins? Wir gehen von einem zukünftigen Ereignis aus, bei dem dieser Stein auf dem Turm zum Erdboden zurück fällt, berechnen die Fallgeschwindigkeit mit Hilfe der Gravitationskraft sowie der Höhe des Turms und sagen damit die Kraft voraus, mit der dieser Stein auf den Boden aufschlagen wird. So gesehen ist potentielle Energie eine zukünftige Energie. Kann die Zukunft also Energie tragen?
Ist es nicht seltsam wie wir uns mit Begriffen, Zahlen und Formeln die Welt zurechtrechnen? Können wir diese Energie im ruhenden Stein auf dem Turm nicht nachweisen, so ist diese Energie in der Vergangenheit beim Transport vergangen und entsteht in der Zukunft durch den freien Fall. Das widerspricht dem Energieerhaltungssatz! Also, wo ist die Energie?

Ein „Fall" von Raumkrümmung?

„Der freie Fall ist in der klassischen Mechanik die Bewegung eines Körpers unter dem ausschließlichen Einfluss der Schwerkraft. Die Schwere (von lateinisch: gravitas) und damit die Gravitation ist eine der vier Grundkräfte der Physik. Sie äußert sich in der gegenseitigen Anziehung von Massen. Die am Anfang des 17. Jahrhunderts durchgeführten Messungen von Galileo Galilei ergaben, dass die Bewegung im freien Fall gleichmäßig beschleunigt und darüber hinaus unabhängig von Material, Masse und Form des Körpers ist. Letzteres ist Inhalt des schwachen Äquivalenzprinzips. Dieses Äquivalenzprinzip der Physik drückt aus, dass die schwere und die träge Masse eines Körpers zwei äquivalente Größen sind. Diese Formulierung gibt in moderner Ausdrucksweise die frühen Feststellungen von Galileo Galilei und Isaac Newton wieder, dass beim freien Fall alle Körper gleich beschleunigt werden. Die schwere Masse ist ein Maß für die durch Gravitation verursachte Anziehungskraft zweier Körper. Die träge Masse ist ein Maß für die Kraft, die aufgewendet werden muss, um einem Körper eine bestimmte Beschleunigung zu erteilen. Alle bislang durchgeführten Experimente bestätigen, dass die schwere Masse eines Körpers seiner trägen Masse entspricht. Träge und schwere Masse sind äquivalent. Albert Einstein erkannte ab 1907 hierin ein mögliches Grundprinzip einer Theorie der Gravitation, das ihn schließlich zur allgemeinen Relativitätstheorie leitete." (frei nach Wikipedia)

Aber fallen tatsächlich alle Objekte unabhängig von Gewicht und Größe gleich schnell? Wenn wir uns eine Erdenmasse und eine zweite Masse, die der unseres Mondes entspricht, vollständig bewegungsfrei in einen leeren Raum denken und den Abstand wählen der dem Abstand von der Erde zum Mond entspricht, würde der nun folgende „freie Fall" des Mondes exakt dem „freien Fall" einer Bowlingkugel bei gleichem Abstand zur Erde entsprechen?

„Isaac Newton beschrieb in seinen Principia (1687) als Erster die Gravitation mithilfe einer mathematischen Formel. Dieses von ihm formulierte Gravitationsgesetz ist eine der Grundgleichungen der klassischen Mechanik, der ersten physikalischen Theorie, die sich auch in der Astronomie anwenden ließ. Danach ist die Gravitation eine Kraft zwischen je zwei Körpern, die diese zu ihrem gemeinsamen Schwerpunkt hin beschleunigt, wobei ihre Stärke proportional zum Quadrat des Abstandes der Körper abnimmt." (Wikipedia)

Welcher Körper fällt in diesem Gravitationsgesetz von Isaac Newton auf welchen Körper? Kann man bei Gravitation überhaupt von einem „freien Fall" sprechen? Heute berechnet man mit Tensoren diesen Vorgang in einer vierdimensionalen Raumzeit.

„Nun hat Ptolemäus mit Zyklen und Epizyklen Berechnungen getätigt, mit denen er Sonnenfinsternis und Mondfinsternis voraussagen konnte und Isaac Newton hat später die Umlaufbahnen unserer Planeten mit dem Gravitationsgesetz berechnet.

Hatten Ptolemäus und Newton den realen Vorgang verstanden?" (frei nach W. Heisenberg)

Können wir aufgrund einer möglichen Berechnung annehmen, den realen Vorgang verstanden zu haben? Zudem ist die Annahme eines „freien Falls" an die Voraussetzung einer Unendlichkeit des Raumes gebunden und damit eine Frage des Glaubens.

Kann ich auch heute noch vorbehaltlos den „freien Fall" als eine bestätigte Vorgabe annehmen? Müsste ohne die Voraussetzung der Unendlichkeit eines Raumes die Konstanz der Lichtgeschwindigkeit, die Relativität der Bewegung und der freie Fall neu hinterfragt werden?

Ein so umfassendes Vorhaben deutet auf die Notwendigkeit einer neuen Theorie hin.

Die Postulate Albert Einsteins und die Relativität

Wenn man das Postulat Albert Einsteins von der konstanten Lichtgeschwindigkeit voraussetzt, folgt aus der bekannten Formel Albert Einsteins ($E=mc^2$) unter Berücksichtigung des Postulats der Äquivalenz von Masse und Energie zwangsläufig eine Raumkrümmung. Warum die Zeit durch Masse verändert wird, erklärt das aber nicht. Genügt das Postulat der Raumzeit von Albert Einstein als Erklärung?

Kurz angenommen die Zeit wäre die vierte Dimension des durch Masse gekrümmten Raumes, dann wäre die Masse als Ursache für eine Änderung der Zeit anzusehen. Ist die veränderte Zeit also eine Eigenschaft der Masse wie Temperatur, Dichte und Element? So gesehen wäre die durch Masse veränderte Zeit nicht als relativ anzusehen. Eine Relativität der Zeit kann dann nur durch die konstante Lichtgeschwindigkeit begründet werden. Wird die Zeit einmal durch Masse verändert, ohne dabei einen relativen Charakter zu erhalten, und erfährt sie zum anderen durch die Konstante Lichtgeschwindigkeit eine Veränderung, die ihr einen relativen Charakter verleiht?

Zudem bedingt das Postulat der Äquivalenz von Masse und Energie die Raumkrümmung und nachfolgend erfordert eine Raumkrümmung die Naturkonstante der Lichtgeschwindigkeit. Dabei bezieht sich das Postulat der Äquivalenz von Masse und Energie auf die bekannte Formel Albert Einsteins ($E=mc^2$). Diese Formel beschreibt die Ruhemasse eines Körpers. Mit der vollständigen Formel ($E=mc^2+1/2mv^2$) wird der Energiewert der Masse durch die Bewegung der Masse erhöht und verhindert so eine Äquivalenz von Masse und Energie. Abgesehen von den Inhalten theoretischer und idealisierter Bezugssysteme stellt sich die Frage, welche reale Masse dann als Ruhemasse anzusehen ist.

Sollte die Bewegung aufgrund einer bisher unvollständigen Sicht (Seite 6) den relativen Charakter verlieren und die Äquivalenz von Masse und Energie, durch Energiewerterhöhung bei einem Einbeziehen der Bewegung von Körpern, ihre Gültigkeit einbüßen und damit der Raumkrümmung die Grundlage entziehen, was wird dann mit der Naturkonstanten der Lichtgeschwindigkeit und der damit verknüpften Relativität der Zeit? Was bleibt dann von den Theorien der Relativität?

Was ist Relativität? Ein „Sich-Beziehen-auf", die Sicht eines Beobachters? Ist Relativität die Abhängigkeit der Zeit- und Raumangaben von einem fest gewählten Bezugssystem? Ist Realität dann also abhängig von diesem gewählten idealisierten und theoretischen Bezugssystem? Ist außerhalb der Sicht des Beobachters die Realität anders? Existieren verschiedene Realitäten? So viele Realitäten wie frei gewählte Bezugssysteme oder Beobachter? Ist die Realität eine mathematische Größe oder wo ist der Energieerhaltungssatz im Miteinander der Realitäten? Gibt es eine Realität zwischen den Bezugssystemen oder sogar unabhängig von Bezugssystemen? In welcher Raumzeit ist die Realität außerhalb der Bezugssysteme zu finden und was regelt die Übergänge? Durch die Relativität von Bewegung und Zeit ist unsere Weltsicht eine Sicht der Bezugssysteme und damit eine theoretische und idealisierte Sicht.

Die absolute Bewegung eines Körpers, die durch eine Umwandlung von Energie zwischen zwei Körpern entstanden ist, wird wann und warum relativ?

Sind also letztendlich die Unendlichkeit des Raumes, der „freie Fall" und die Relativität der Bewegung sowie die Naturkonstante Lichtgeschwindigkeit und damit die Relativität der Zeit als reale Tatsachen auch heute noch vorbehaltlos anzunehmen?

Relativ zu wem oder was?

Die Relativität der Bewegung und auch die Relativität der Zeit wird durch die Unterschiede in der Beobachtung von einem Beobachter zu einem anderen Beobachter begründet. Der messende Mensch wird hier zum Bezugspunkt für eine Realität, die sich zu einer anderen, von einem Menschen gemessenen Realität unterscheidet.

Der messende Mensch wird zum Bezugspunkt, um den sich die Welt dreht?

Existiert keine unabhängige Realität oder nachfolgend gefragt:

„Existiert der Mond auch wenn niemand ihn sieht" (aus der Diskussion über die Quantenmechanik)?

Ist der Messende der Schaffende?

Schon einmal, als wir Menschen uns im Mittelpunkt der Welt gesehen haben, mussten wir unsere Weltsicht korrigieren. Den Beobachter zum relativen Zentrum der Realität zu erklären, verleugnet eine vom Beobachter unabhängig existierende Realität. Ist das Leugnen einer unabhängig von Beobachtung existierenden Realität noch sinnvolle Wissenschaft? Relativ zu wem oder was? Ist die Bewegung zum fehlenden Ruhepunkt eines absoluten Raumes relativ? Was ist Bewegung?

Die räumliche Veränderung innerhalb einer bestimmten Zeit von was? Wenn wir Masse als Energieform verstehen, dann vollzieht Energie bei einer Bewegung eine räumliche Veränderung innerhalb einer bestimmten Zeit. Unter Berücksichtigung des dritten Gesetzes von Isaac Newton (jede Aktion bedingt eine entsprechende Reaktion) wird Energie durch Energie unter Einfluss von zwei Feldern und mit einer von Entfernung und Geschwindigkeit abhängigen, anwachsenden Stärke von aufgewendeter Energie geteilt. Die aufgewendete Energie entspricht demnach der Geschwindigkeit, d.h. der zurückgelegten Entfernung durch die dabei vergangene Zeit. Bezugnehmend auf eine dritte Energie (dritte Masse) deren Bewegungszustand unbekannt ist, kann nun ein realer Unterschied, gemessen an der Position zu den bewegten Energien im Feld, festgestellt werden. Welchen Sinn macht es nun, den einen Teil der bewegten Energie zu ignorieren und den anderen beiden bewegten Energien je einen Beobachter zuzuordnen, die sich auf diese Weise über den Vorgang ihrer Bewegung nicht einigen können. Wenn die nicht beobachtete Bewegung der Trennung ignoriert und diese als nicht stattgefunden betrachtet wird, so bliebe das dritte Gesetz von Isaac Newton unbeachtet!

Wie kann der reale Unterschied in der Bewegung (Bewegung als Energieform) zwischen real bewegten Energien (drittes Gesetz) als relativ angesehen werden? Ist Bewegung eine relative Energie? Ist Energie relativ oder ist Bewegungsenergie auch ohne absoluten Ruhepunkt im Raum zwischen Energieformen real? Es wäre hier doch sehr interessant nach dem Charakter des Feldes zu fragen, welches Entfernung oder Zeit zu Energie verwandeln kann. Welches Feld kann Energie (Energie gleich Masse) durch Raum und Zeit verwandeln? Wird die Energie in einem Feld durch Raum oder Zeit verändert? Ist eine Veränderung der Energie im Feld durch eine Veränderung im Raum ohne einen veränderten Zeitverlauf denkbar? Kann Raum oder Zeit einen Energie verändernden Charakter und damit eine Energie tragende Rolle haben? Ist dieses bei allen physikalischen Feldern gleich?

„Es wird sich immer deutlicher zeigen, dass das Feldkonzept von zentraler Bedeutung für die moderne Formulierung physikalischer Gesetze ist"

(Brian Greene: Der Stoff, aus dem der Kosmos ist)

Das Feld

Im Bezug auf die vier uns bekannten Wechselwirkungen stellt sich nun die Frage:
„Was ist ein Feld?"
Weil das Graviton, d.h. das Wechselwirkungsteilchen der Gravitation noch nicht gefunden ist, bietet das Standartmodel mit dem Gravitationsfeld keine zufriedenstellende Antwort. Die schwer zu berechnende starke Wechselwirkung entsteht in den farbneutralen Baryonen, die sich aus drei Quarks mit unterschiedlicher Farbladung bilden und von einem See aus unzähligen Quarks, Anti-Quarks und Gluonen begleitet werden. Dieses erschwert eine Feldbeschreibung der starken Wechselwirkung aus der Sicht des Standardmodells. Die Hyperladung, im Standardmodell zuständig für die schwache Wechselwirkung, ist ebenso wie die Isospin-Komponente T_3 eine bezüglich der starken Wechselwirkung erhaltene Quantenzahl und eignet sich daher als rein rechnerische Komponente nicht für die Beschreibung realer Felder. Was bleibt, ist die elektromagnetische Wechselwirkung mit ihren *„seit Langem eingehend erforschten und seit über 100 Jahren gut verstandenen (Wikipedia)"* elektrischen und magnetischen Feldern. *„Das elektrische Feld ist ein allgegenwärtiges Phänomen. Es erklärt beispielsweise die Übertragung elektrischer Energie und die Funktion elektronischer Schaltungen. Es bewirkt die Bindung von Elektronen an den Atomkern und beeinflusst so die Gestalt der Materie. Seine Kombination mit dem Magnetismus erklärt die Ausbreitung von Licht- und Funkwellen. Das elektrische Feld ist ein physikalisches Feld, das durch die Coulombkraft auf elektrische Ladungen wirkt. Als Vektorfeld beschreibt es, über die räumliche Verteilung der elektrischen Feldstärke, die Stärke und Richtung dieser Kraft für jeden Raumpunkt. Hervorgerufen werden elektrische Felder von elektrischen Ladungen und durch zeitliche Änderungen magnetischer Felder. Die Eigenschaften des elektrischen Feldes werden zusammen mit denen des magnetischen Feldes durch die Maxwell-Gleichungen beschrieben. Zusammenfassend geht man aus heutiger Sicht davon aus, dass die Wechselwirkung zwischen den Ladungen erst vom elektrischen Feld vermittelt wird. Da es von der betreffenden Stelle abhängt, aber nicht direkt vom elektrischen Feld an anderen Punkten, handelt es sich um eine Nahwirkung. Ändert sich die Position einer der Ladungen, so breitet sich die Änderung des Feldes mit Lichtgeschwindigkeit im Raum aus."*
„Die elektrische Energie wird nicht als den Ladungen und Leitern anhaftend betrachtet, sondern befindet sich in den Isolatoren und im Vakuum und kann durch diese hindurch transportiert werden. Eine relativistische Betrachtung des elektrischen Feldes führt zum elektromagnetischen Feld. Dieses kann Impuls und Energie aufnehmen und transportieren und ist daher als ebenso real anzusehen wie ein Teilchen." (Wikipedia)
Also eine Schwingung von „Nichts", die ebenso real ist wie ein Teilchen? Und was bitte befindet sich im Vakuum, das die Kraft vom elektromagnetischen Feld enthält oder vermittelt? Wann wurde ein solcher „Äther" für eine elektromagnetische Schwingung nachgewiesen?
In der Physik beschreibt ein Feld die räumliche Verteilung einer physikalischen Größe. Die Verteilung im Raum vollzieht welche physikalischen Größe um Energie aufzunehmen und zu transportieren? Welche physikalische Größe, die Energie im Raum verteilen könnte und mit der wir ein Feld beschreiben, bleibt für eine solche Aufgabe verfügbar?

Ein „Zeitverlaufsfeld" ohne Kraftübertragung ?

Die Zeit, so glaubten die Menschen lange, wäre für jeden und überall gleich. Weil für viele Entdeckungen diese Auffassung grundlegend war, wurde die Zeit auch von vielen Wissenschaftlern lange als eine fundamentale Eigenschaft der Welt gesehen bis Albert Einstein die Zeit zur relativen vierten Dimension des Raums erklärt hat. Heute berechnen wir den Zeitunterschied zwischen Erdorbit und Erdoberfläche für unsere Navigation. Wir wissen: Je näher wir einer großen Masse kommen, umso langsamer vergeht die Zeit. Es scheint so, als sei jede Masse von einem „Zeitverlaufsfeld" umgeben. Bekannt ist auch, dass eine kleine Masse (z.B. ein Auto), welche sich nahe einer großen Masse (auf der Erde) bewegt, vom „Zeitverlaufsfeld" der großen Masse beeinflusst wird.

Für die Stärke der Gravitationswirkung wird in den Berechnungen der Planetenbewegung von Isaac Newton sowie in den nachfolgend durch Einsteins Theorie verbesserten Berechnungen zur Bewegung der Planeten die Größe der beteiligten Massen und ihre Entfernung verantwortlich gemacht. Die Wirkung der „Zeitverlaufsfelder" um Massen ist also von der Größe und der Entfernung der beteiligten Massen abhängig. Wenn zwei große Massen mit zwei weitreichenden „Zeitverlaufsfeldern" einander so nahe kommen, dass sich ihre „Zeitverlaufsfelder" wirksam überlappen, dann müsste jede Masse mit ihrem „Zeitverlaufsfeld" auf die jeweils andere Masse und deren „Zeitverlaufsfeld" eine Wirkung haben.

Bis zu diesem Punkt auf dieser Seite könnte der Abschnitt eine seltsame Beschreibung aus der Allgemeinen Relativitätstheorie sein. Diese setzt jedoch eine Äquivalenz von Masse und Energie voraus und damit das Einverständnis mit den Vorstellungen der Relativitätstheorie von Raumkrümmung, der relativistischen Masse, der relativen Bewegung, einer Unendlichkeit, dem freien Fall, der relativen Zeit und einer Naturkonstanten: der Lichtgeschwindigkeit.

Das Wunder der vereinheitlichten Theorie?

Für drei von vier grundlegenden Wechselwirkungen werden heute kleine, kraftübertragende Teilchen verantwortlich gemacht: das Photon für die elektromagnetische Wechselwirkung, das Gluon für die starke Wechselwirkung und die die W- und Z-Bosonen für die schwache Wechselwirkung. Nur nach dem Graviton, das für die Gravitation verantwortlich gemacht wird und das durch seine erhoffte Entdeckung die notwendigen Informationen für eine vereinheitlichte Theorie liefern soll, wird noch gesucht, obwohl wir bei der Gravitation keine abschirmenden Effekte und keine negative abstoßende Wirkung kennen.

Müsste aber nicht gerade eine Beteiligung von Teilchen abschirmende Effekte und eine negative abstoßende Wirkung nach sich ziehen?

Die Allgemeine Relativitätstheorie beschreibt die Gravitation als Raumzeitkrümmung. Dabei ist die Allgemeine Relativitätstheorie für eine Beschreibung der atomaren Vorgänge nicht geeignet und somit für diese eine ungeeignete Theorie. Zudem gibt es bisher keine beschreibende Vorstellung, wie oder durch was eine Masse die Raumzeit krümmen kann.

Die Quantenmechanik kann die Vorgänge im atomaren Bereich sehr gut beschreiben, ist aber für die Beschreibung der Gravitation eine ungeeignete Theorie. Die von der Quantenmechanik ausgehende und weiterführende Stringtheorie beschreibt subatomare Vorgänge, die allein durch die Anzahl der mathematisch benötigten räumlichen Dimensionen Zweifel erweckt. Für die Beschreibung unserer gesamten Welt stehen also zwei teilweise ungeeignete und unvollständige Theorien zur Verfügung.

Wie hoch ist die Wahrscheinlichkeit, dass durch eine neue Entdeckung aus zwei teilweise ungeeigneten Theorien eine vereinheitlichte, richtige Theorie entsteht?

Brauchen wir eine neue Theorie?

Die Art unseres Denkens ist die Differenzierung. Wir suchen und bezeichnen Unterschiede. Wenn sich die Ursache eines Unterschieds nicht klären lässt, so machen wir die Sache zum Prinzip und nennen das Ganze relativ. Für solche Fälle nutzen wir theoretische Bezugssysteme, die durch Begrenzung übertragbare und somit wieder allgemeingültige Aussagen zulassen. Die durch theoretische Bezugssysteme begründeten relativen Aussagen führen teilweise zu verwirrenden Ergebnissen. Dabei wird die Klärung der zugrunde liegenden Frage nur verschoben. Schon am Beginn der analytischen Betrachtung unserer Welt wurde die Frage gestellt: „Ist alles aus einem kleinsten Teilchen oder aus einer Funktion gebaut?" Bis heute fragen wir uns: „Veränderlich oder substanziell, Teilchen oder Welle?" Und obwohl wir seit langer Zeit erkannt haben, dass die Zeit nicht stehen bleibt, alles im Fluss oder in Bewegung ist, trennen wir potentielle Energie von kinetischer Energie. Wenn wir die Masse, multipliziert mit dem mathematischen Quadrat (eine Raumform) der Eigenschaft einer elektromagnetischen Welle (einer Konstanten), als eine Energieform verstehen, müsste dann nicht schon alles entschieden sein?

Wir glauben seit Isaac Newton an eine relative Bewegung, wir glauben seit Albert Einstein an eine relative Zeit, wir glauben seit Werner Heisenberg, dass sich die Position und der Impuls der kleinen Teilchen, aus denen unsere Welt gebaut ist, relativ verhält. Was also, glauben wir, ist noch absolut? Wenn die Naturgesetze absolut sein sollten, müssten diese dann nicht unabhängig von unseren idealisierten theoretischen Bezugssystemen absolut sein? Brauchen wir also eine neue Theorie, die solches möglich macht?

Wir erklären die physikalischen Abläufe durch Wechselwirkungen. Wir unterscheiden nach dem aktuellen Stand der Forschung genau vier verschiedene Wechselwirkungen: die Gravitation, die starke Wechselwirkung, die schwache Wechselwirkung und die elektromagnetische Wechselwirkung.

Die Gravitation

In der Relativitätstheorie wird die Gravitation als eine durch zwei Massen verursachte Krümmung von Raum und Zeit beschrieben. Dabei sind die Größen der zwei Massen und der Abstand der Massen zueinander maßgebend. Die Wirkung der Gravitation wird durch die Halbierung des Abstandes der Massen zueinander vervierfacht. Bis zum Abstand der Atome zueinander steigt also die Wirkung einer aus Atomen bestehenden Masse bei jeder Halbierung des Abstandes vierfach. Obwohl fast die gesamte Masse des Atoms im Atomkern zu finden ist und der Abstand vom Atomkern zur Atomhülle etwa zehntausendmal dem Durchmesser eines Atomkerns entspricht und die wesentlich kleineren, die den Atomkern bildenden Teilchen aus noch viel, viel kleineren Teilchen bestehen, die nur etwa ein Prozent der Gesamtmasse eines Atoms tragend in einem „See" aus vielen massetragenden und nicht massetragenden, Teilchen schwimmen, geht die Relativitätstheorie seltsamerweise von einer unbedeutenden Wirkung der Gravitation innerhalb eines Atoms aus.

Praktisch bestätigt (Navigation über Satellit) ist die Erkenntnis, dass der Zeitverlauf in der Nähe großer Masse verlangsamt ist. Nach zahllosen Messungen, bei denen die Geschwindigkeit von Licht, unabhängig von der Bewegung, immer konstant mit „c" gemessen wurde, postulierte Albert Einstein die Geschwindigkeit von Licht als eine Naturkonstante. Wenn die Zeit auf einer großen Masse nun langsamer verstreicht als auf einer kleinen Masse, so müsste die Geschwindigkeit (km/s) von Licht auf einer großen Masse auch kleiner sein als auf einer kleineren Masse. Eine (natur-) konstante Geschwindigkeit von Licht wäre nur dann denkbar, wenn sich auch die Distanz verändern würde.

Die konstante Lichtgeschwindigkeit führt also zusammen mit der Raumkrümmung zu einem veränderten Zeitverhalten und, einen „freien Fall" vorausgesetzt, zu einem freien Fall von Masse in solche Raumkrümmungen, was wir seit Albert Einstein als Gravitation verstehen.

Seit den Feststellungen von Galileo Galilei und Isaac Newton bestätigen alle bislang durchgeführten Experimente, dass die schwere Masse eines Körpers seiner trägen Masse entspricht. Träge und schwere Masse sind äquivalent und so werden beim freien Fall alle Körper gleich beschleunigt. Dabei wird davon ausgegangen, dass die Kraft der Gravitation, die auf einen schweren Körper aufgrund seiner großen Masse wirkt, ebenso groß ist wie die Kraft, die aufgewendet werden muss, um ihn gegen seine Trägheit zu beschleunigen. Und die kleine Kraft der Gravitation, die auf eine kleinere Masse wirkt, ebenso der Kraft entspricht, die für die gleiche Beschleunigung gegen die Trägheit der kleineren Masse aufgewendet werden muss. Seit Albert Einstein wird nun aber die Gravitation als ein freier Fall in eine Raumzeitkrümmung ohne die Wirkung von Kraft verstanden. Wenn nun also beim freien Fall der großen Masse wie auch der kleinen Masse von keiner Kraftwirkung der Gravitation ausgegangen wird, aber nach wie vor für beide Massen von unterschiedlicher Trägheit ausgegangen werden muss, wie lässt sich dann die gleiche Beschleunigung beider Massen erklären?

Abgesehen davon, dass eine Raumkrümmung in alle Richtungen auf unserer Erde für mich nicht vorstellbar ist, zudem auch einen „freien Fall" voraussetzt und auf das Postulat der Naturkonstanten „c" nicht verzichten kann, ist diese Theorie nicht auf die anderen Wechselwirkungen anwendbar.

Die starke Wechselwirkung

Nachfolgend Auszüge aus: http://www.quantenwelt.de/elementar/baryonen.html
„Da sich gleiche elektrische Ladungen stark abstoßen, ist es zunächst erstaunlich, dass Atomkerne stabil sind. Die Antwort hierauf ist, dass es noch eine weitere, deutlich stärkere Kraft gibt. Diese Kraft heißt starke Kernkraft oder starke Wechselwirkung. Sie wirkt offenbar nur innerhalb der Atomkerne. Nur unmittelbar benachbarte Protonen und Neutronen ziehen einander an. Genauer gesagt beeinflusst die starke Kernkraft nur Quarks und Teilchen, die aus Quarks aufgebaut sind. Die starke Wechselwirkung kennt nicht, wie die elektromagnetische Kraft, nur eine Ladung, es gibt drei Ladungen. Diese drei Ladungen werden "rot, grün und blau" genannt. Man sollte jedoch den Begriff Farbladung nicht zu wörtlich nehmen, mit wirklichen Farben haben die Farbladungen nichts zu tun. Es gibt jedoch eine weitere wichtige Regel in der starken Kernkraft: Drei Quarks, von denen jedes eine andere der drei Farbladungen hat, bilden einen gebundenen Zustand, den man Baryon nennt. Für diese „farbneutralen" Zustände sind das Proton und das Neutron die bekanntesten Beispiele. Baryonen sind aus je drei Quarks zusammengesetzte Teilchen. Zu den Baryonen gehören die Kernbausteine, die man auch Nukleonen nennt. Diese sind das geladene Proton und das neutrale Neutron. Wie so oft in der Physik ist auch das Bild von den drei Quarks, die ein Baryon bilden, nur eine Näherung. Misst man den Aufbau der Baryonen genauer (z.B. in einem modernen Teilchenbeschleuniger), so kommt heraus, dass ein Baryon aus unzähligen Quarks, Anti-Quarks und Gluonen besteht. Das Gemisch aus Quarks und Anti-Quarks wird dabei oft als Quark-See und die darin enthaltenen Quarks als Seequarks bezeichnet. Misst man das Baryon dagegen mit geringer Genauigkeit, so „sieht" man nur die drei Quarks, die in Annäherung an die Valenzelektronen Valenzquarks genannt werden. Heute weiß man, dass die Vorgänge im Atomkern, die den Zusammenhalt der Atomkerne erklären, viel komplizierter sind und ein ganzer See von Quarks und Gluonen notwendig ist, um die Details zu verstehen. Baryonen sind so stark gebundene Objekte, dass nach außen kaum noch etwas von ihren Farbladungen zu bemerken ist. In diesem Sinne ähneln sie einem Atom, das ja auch nach außen elektrisch neutral (also ungeladen) erscheint. Bringt man jedoch zwei Baryonen dicht zusammen, so ist eine Restwechselwirkung zu spüren, die in etwa der Van-der-Waals-Kraft im Atom entspricht. Diese Kraft ist viel schwächer als die direkte starke Kernkraft, aber immer noch stärker als die elektrische Abstoßung zwischen Protonen. So kann die starke Kernkraft den Zusammenhalt der Protonen und Neutronen im Atomkern erklären. Die starke Kernkraft zwischen Quarks hat eine unendliche Reichweite. Da sie aber innerhalb der Hadronen bereits ab gesättigt ist, ist die Anziehung der Hadronen untereinander nur für kleine Abstände spürbar und nimmt mit großem Abstand sehr schnell ab. Im Atomkern ziehen sich nur direkt benachbarte Nukleonen gegenseitig an. Die starke Wechselwirkung wird oft mit dem Austausch von Energiepaketen oder -quanten, die man Gluonen nennt, erklärt. Der Gluonenaustausch bildet ein kompliziertes Gewebe von Gluonen, Quarks und Antiquarks. Dies macht, dass die starke Kernkraft schwer zu berechnen ist." Die Auswertung von Messungen über das Zusammenstoßen von Teilchen, die mit ungeheuer großen Energiemengen beschleunigt wurden, haben zu Vorstellungen von einem Teilchenzoo mit und ohne Masse (wobei Letztere nicht als Teilchen gesehen werden), mit und ohne elektrische Ladung (wobei Letztere ausgeglichene Ladung tragen) mit Farben, die keine Farben sind, und Drehungen, die keine Drehungen sind, geführt und auch zu einer Theorie, die Gravitation nicht erklären kann.

Die schwache Wechselwirkung

Nachfolgender Absatz aus:

www.leifiphysik.de/kern-teilchenphysik/teilchenphysik/die-vier-fundamentalen-wechselwirkungen

„Die Theorie des Standardmodells der Teilchenphysik beschreibt drei der vier Wechselwirkungen. (Die Gravitation spielt für einzelne Teilchen wegen ihrer kleinen Massen keine Rolle). Die wichtige Erkenntnis ist dabei, dass zu jeder Wechselwirkung eine eigene Ladung gehört, die sie generiert. Besitzt ein Teilchen diese Ladung, so unterliegt es der zugehörigen Wechselwirkung, ist die Ladung Null, so unterliegt es nicht der jeweiligen Wechselwirkung. Die Grundidee des Standardmodells ist:

Wechselwirkungen werden von Ladungen generiert, deren Wert angibt, wie sensitiv ein Teilchen für diese bestimmte Wechselwirkung ist.“

Nachfolgender Absatz aus:

http://www.spektrum.de/lexikon/astronomie/schwache-wechselwirkung/426

„Die schwache Wechselwirkung ist eine Theorie, die bestimmte Formen des radioaktiven Zerfalls erklärt, nämlich die beiden Formen des Beta-Zerfalls. Den Terminus 'schwach' verdankt die Wechselwirkung ihrer äußerst kurzen Reichweite von nur 10^{-15}cm (etwa einem Hundertstel des klassischen Protonendurchmessers!).

Da sich schwach wechselwirkende Teilchen erst einmal bis auf diese kurze Distanz nähern müssen und dies recht selten vorkommt, ist diese schwache Wechselwirkung ein relativ rar auftretendes Ereignis. Bei gleichnamig geladenen Teilchenspezies müssen die beteiligten Partner so viel kinetische Energie aufbringen, um die elektromagnetische Abstoßung (den so genannten Coulomb-Wall) zu überwinden: Erst dann kommen sie sich überhaupt so nahe, dass sie 'schwache Kräfte spüren'.

Alle Leptonen sind per Definition schwach wechselwirkende Teilchen, die von der starken Wechselwirkung ausgeschlossen sind. Der Grund dafür ist, dass Leptonen keine Farbladung tragen.

Zu den Leptonen zählen u.a. die Elektronen, die Positronen (ihre Antiteilchen), die Myonen und Tauonen ('schwere Elektronen') und die Neutrinos. Alle Teilchen hingegen tragen eine schwache Hyperladung, so dass alle Teilchen schwach wechselwirken können.

Der Zerfall eines freien Protons ist erst eine zwingende Folge der Großen Vereinheitlichten Theorien (GUT) – das wurde jedoch noch nicht experimentell beobachtet!“

Nachfolgender Absatz aus:

http://www.spektrum.de/Lexikon/Physik/Hyperladung/7057

(„Die Hyperladung ist ebenso wie die Isospin-Komponente T_3 eine bezüglich der starken Wechselwirkung erhaltene Quantenzahl.“)

„Alle Teilchen hingegen tragen eine schwache Hyperladung“(siehe oben), und tragen eine *„bezüglich der starken Wechselwirkung erhaltene Quantenzahl“* (siehe oben), *„sodass alle Teilchen schwach wechselwirken können“* (siehe oben). Also wird die Erklärung der schwachen Wechselwirkung der Teilchen von einer Quantenzahl abgeleitet, die zur Beschreibung der starken Wechselwirkung dient, die selbst aus einem so komplizierten Gewebe von Gluonen, Quarks und Antiquarks besteht, dass sie schwer zu berechnen ist“ und ebenso zum Bestandteil einer Theorie gehört, die Gravitation nicht erklären kann.

Die elektromagnetische Wechselwirkung

„Die elektromagnetische Wechselwirkung ist eine der vier Grundkräfte der Physik.
Wie die Gravitation ist sie im Alltag leicht erfahrbar, daher ist sie seit Langem eingehend
erforscht und seit über 100 Jahren gut verstanden." (Wikipedia)

Das machte Hoffnung und war die Ursache für meine Annahme, mit einer enertialen Beschreibung der elektromagnetischen Wechselwirkung, einer einheitlichen Theorie und einer Klärung meiner Fragen wieder ein Stück näher kommen zu können. Aber wie immer, wenn man sich auf der sicheren Seite fühlt, kommt alles anders als erwartet. Die elektrischen und magnetischen Wirkungen in unserer Welt sind sehr komplex organisiert. Von der „Stromerzeugung", dem Atomaufbau, der Elektronik bis zu den elektromagnetischen Wellen wie dem Licht, vom Erdmagnetismus bis zum magnetischen Moment der Elementarteilchen ist elektromagnetische Wirkung überall vertreten, aber ihre Entstehung und Ausbreitung nicht wirklich zufriedenstellend bis zu den letzten Ursachen geklärt.

Im Buch „Physik für die Westentasche" von Harald Lesch schreibt Ralf Koehler aus dem Quot-Team: „Deswegen bleibt nur eine einzige Antwort, so merkwürdig sie auch klingen mag: Wellen wie Licht sind die Schwingungen von nichts!"

So merkwürdig es nun auch klingen mag: Wissenschaft ist schön! Da wird nicht irgendetwas behauptet oder irgendein Mist erfunden. Da wird sachlich in einem wirklich schönen Satz gesagt: „Wir wissen nicht, was da schwingt."

Schwingungen von nichts - das lässt Raum für Interpretation. Und Raum ist dann auch das Stichwort. Denn dem Raum zwischen elektromagnetischer Ladung kommt eine wesentliche Bedeutung zu, weil der Abstand der Ladungsträger die Stärke der Kraftwirkung mitbestimmt.

Bei einem Atomradius von etwa 10^{-10} m hat der Atomkern einen 20.000- bis 150.000-mal kleineren Durchmesser als die Atomhülle. In diesem unglaublich kleinen Atomkern befinden sich Protonen und Neutronen, die aus unterschiedlich elektrisch geladenen Up- und Down-Quarks gebaut sind und die sich im Proton oder Neutron auf so kleinen Raum drängen, dass noch ein „See" aus Gluonen und Quark-Antiquark-Paaren Platz finden soll. So muss der Raum zwischen den Up- und Down-Quarks, der die elektrische Kraftwirkung mitbestimmt, noch erheblich kleiner als ein Proton sein. Dabei soll nur etwa ein Prozent der Masse, aus denen das Proton gebaut ist, von seinen Bauteilen, den zwei Up-Quarks und dem einem Down-Quark stammen. Die „restlichen" etwa 99°% Masse eines Atomkerns sollen aus der Bewegungs- und Bindungsenergie zwischen Quarks und Gluonen im „See" der Protonen oder Neutronen entstehen, wobei die Gluonen im „See" als Kraft-Austauschteilchen die starke Kraft zwischen den Quarks vermitteln.

Zur Erinnerung: „Die elektrische Kraftwirkung zwischen zwei unterschiedlichen elektrischen Ladungen (wie zwischen Up- und Down-Quarks) vervierfacht sich (wie bei der Gravitation) bei halbiertem Abstand."

Gedanken beim Laufen (19.06.2017)

Sehr früh vom Wecker der Nacht entrissen, bin ich noch halb im Schlaf, nach einem Frühstück den Fußweg zum Dienst angetreten. Wie schon so oft in den letzten Tagen sind die Gedanken vom strominduzierenden magnetischen Feld zu den geladenen Elektronen des Atoms hin und her gewandert, um dann über die positiv geladenen masseschweren Protonen beim Verlauf der Zeit zu landen.

Ist die Zeit eine Energieform, die zwischen der neben mir schwebenden Masseansammlung eines elektrisch positiven Atomkerns und den sich mit Lichtgeschwindigkeit sowie elektrischer Negativladung ohne wesentliche Masse im Atomorbit des positiven Kerns zusammenfindenden, die atomaren Hüllen der Elemente miteinander verbindendenden Elektronen, ein unsichtbares Feld bildet? Es ist, als könnte ich das Summen der Ladungen vernehmen, die sich mit den Tönen des erwachenden Chors der Vogelstimmen mischen. Im Schwarzweiß der Zeitfelder, in einer bunt-grün erwachenden Welt blitzt ein Einfall pulsierend immer wieder als Frage durch das Blätterdach der Gedankenbäume:

Ist das Feld der Zeit der negative Teil der massebildenden Energie?

Wie auch heute habe ich oft, wenn es am spannendsten ist, das Ziel meines morgendlichen Laufens erreicht. Um nichts zu vergessen, wiederhole ich mehrfach die wichtigsten Sätze, bis ich diese schnell auf die Rückseite meiner Dienstpläne notiert habe. Dann tauche ich aus der Tiefe meiner Gedanken auf, um eine neue Welt auf bedeutenden Brettern aufzubauen.

Beginn und Ende

Obwohl wir die Spuren vom Beginn und vom Ende schon in den kleinsten Teilchen suchen, steht das wuchernde Gebäude unserer Denkindustrie auf einem Fundament, dass für ein solches gigantisches Bauwerk nicht gedacht war. Allein schon unsere Vorstellung von der Relativität der Bewegung müsste den Verdacht erwecken, dass ein zentrales Raumverständnis fragwürdig ist. Aber die Voraussetzung dezentraler Räume würde schon ein Konzept von Raum, Zeit und Masse bildender Energie beinhalten. Zudem würde rückwirkend ein verändertes Verständnis vom Raum zu einer anderen Definition von Bewegung führen müssen und damit folgerichtig auch den von uns als konstant angenommenen Charakter der Lichtgeschwindigkeit verändern. In einem dezentralen Raumkonzept müsste die Lichtgeschwindigkeit weiterhin immer als konstant „c" gemessen werden, würde aber dabei den übergeordneten konstanten Charakter verlieren und könnte so nicht mehr als Ursache eines veränderten Zeitverlaufes gesehen werden. Ein Zeitverlauf, der nur noch durch die Energie der Masse verändert wird, müsste dabei seinen relativen Charakter verlieren.

So würde das Zeitverlaufsfeld um eine Masse selbst, wie für Felder üblich, zu einer Energieform werden.

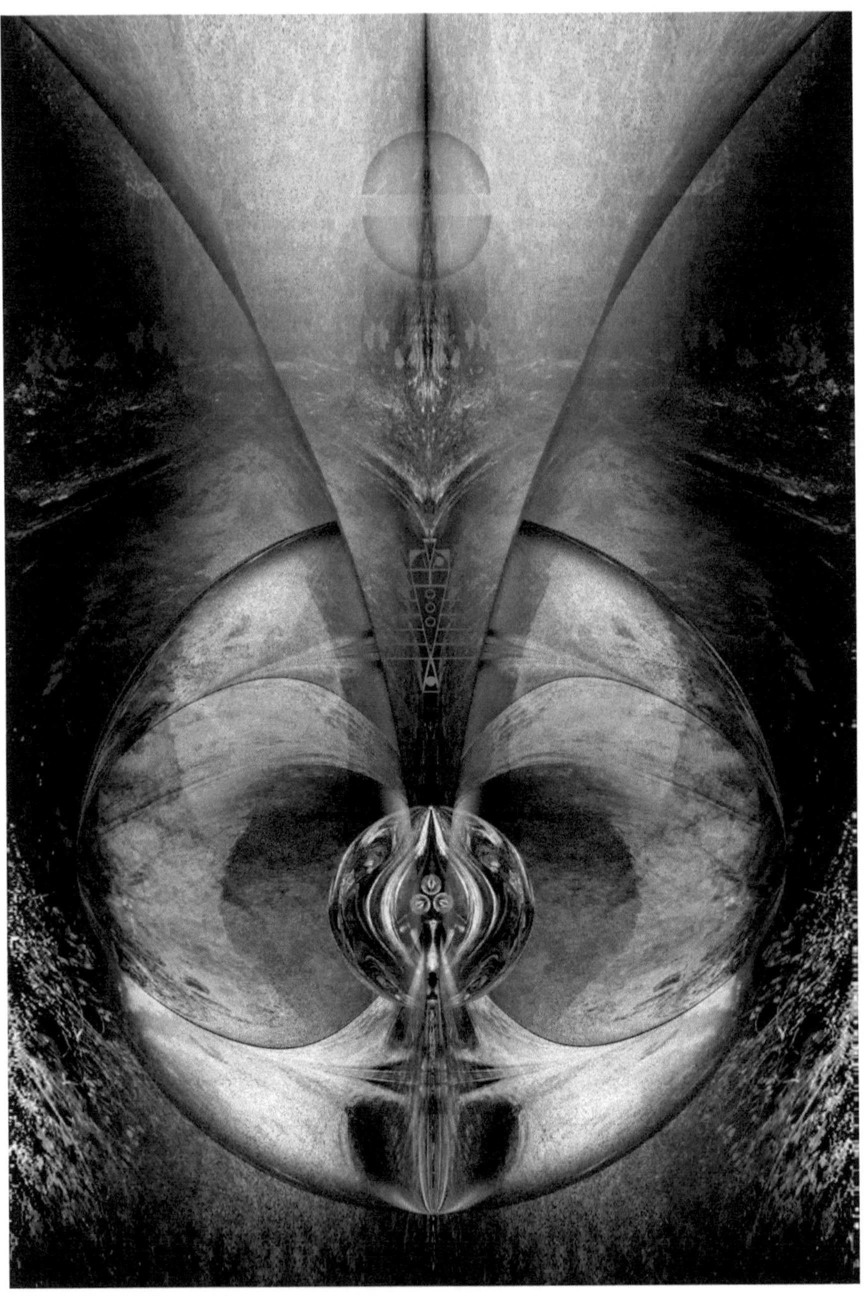

Einmal von Anfang bitte ...

Manchmal, mitten in der Physik, wünschte ich mir, es wäre alles einfach. Ich schließe die Augen und denke an das Nichts. Absolutes Nichts! Ich befinde mich außerhalb von allem! Und in Gedanken ist vor mir eine große Tiefe, die sich um einen entfernten Punkt dreht, in dem alles verschwindet und in diesem Punkt beginnt das Nichts. Kein Oben, kein Unten, kein Raum, keine Zeit, ... Nichts! Ich schwebe auf das Nichts zu, alles verschwindet und einen kurzen Moment bin ich im Nichts. Ein Augenblick ohne Licht, ohne Raum und ohne Zeit. Nur meine Gedanken und das absolute Nichts!

Dann ist da außer mir noch ein Objekt! Mit diesem zweiten anderen Objekt ist nun auch Höhe, Tiefe, das Links, das Rechts, das Vorn und das Hinten entstanden. Ich bewege mich auf das Objekt im Raum, auf diese Masse mit einem Zeitverlauf im Umfeld zu. Was ist diese Masse, auf die ich mich immer schneller werdend zu bewege und in deren Nähe die Zeit langsamer verstreicht? Und was ist Raum? Während ich noch in Gedanken zu ergründen versuche, wieso mit der Masse plötzlich auch Raum und Zeit entstanden ist, wird die Masse größer und größer, bis dieses dunkle Etwas mein ganzes Blickfeld ausfüllt und ich nun kleiner und kleiner werdend dem Dunkel immer schneller näher komme. An winzigen kleinen zischenden, elektrisch geladenen Gebilden eile ich vorbei, tauche dann in einen summenden Regen dieser Elektronen genannten Knisterteilchen, die geheimnisvollen Abstand voneinander halten und mich sanft abbremsen. Nach dieser elektrisch geladenen Region der Atomhülle wird es wieder einsam. Die flüsternden Elektronen verschwinden in der Ferne und ich sause ins Leere. Sollten diese Elektronen jetzt alles gewesen sein? Bilden die mit Feldern verklebten Elektronen die ganze Welt? In Gedanken ist vor mir wieder eine große Tiefe, die um einen entfernten Punkt dreht, in dem alles verschwindet und in diesem Punkt ist der Kern. Ich müsste immer schneller werden, denke ich verwundert, während dieser winzige Punkt langsam immer näher kommt und gemächlich zu einem riesigen Versammlungsort kugliger Seen heranwächst. Das Wasser auf der Oberfläche dieser Seeplaneten ist in unglaublich wilder Bewegung, so dass es dort, wo sich diese Riesen nähern, sofort verdampft, um dann als Regen auf den entgegengesetzten Stellen zurück in die Seen gedrückt zu werden. Ein Wirbel von Feldern entgegengesetzter gigantischer Kräfte! Dann habe ich nur noch einen, Proton genannten Seeplaneten vor Augen, in dessen Oberfläche ich ganz sanft eintauche. Alles scheint hier langsamer zu sein. Gemächlich wie Quallen treiben viele einzelne Teilchen suchend um eine verwachsene Struktur, die langsam, aber kraftvoll drehend die Abstände und Zeiten regelt. Was ist diese gerichtete und verteilte Kraft im Nichts? Was ist dieses überall wirkende Feld?

Kraft ist Energie (Masse) mal Entfernung pro Zeit im Quadrat

Immer muss ich mir alles vorstellen können …

Immer muss ich mir alles vorstellen können. Meine innere Ruhe wird empfindlich gestört, wenn nichtvorstellbare neue Informationen sich einer Zuordnung in meinem Weltbild widersetzen. Auch wenn unreale und abenteuerliche Wege manchmal notwendig sind, um Informationen erfahrbar zu machen, für deren Vorstellung die Alltagserfahrungen nicht ausreichen, muss es für mich vergleichbare Verhältnisse geben, die es ermöglichen, diese Informationen zu brauchbaren Bauteilen meines Weltbildes werden zu lassen. So wird die Vorstellung, dass unsere ganze Welt aus praktisch leeren, winzigen Atomen gebaut ist, in dessen Zentrum sich ein unvorstellbar kleiner Kern befindet, der das Element und die Masse bestimmt, erst dann für mich verständlich, wenn die Größenverhältnisse mit mir vertrauten Dimensionen vergleichbar gemacht werden.

Wenn der kleine Wasserstoffatomkern, mit einer Dichte von etwa 100 Millionen Tonnen pro Kubikzentimeter und einem Radius von 32×10^{-12}m einen Durchmesser von etwa einen Meter hätte, so würden das etwa 1°mm große Elektron ca. 20°km entfernt umherschwirren. Dort in etwa 20°km Entfernung finden dann auch die erstaunlichen Bindungen mit anderen 1°mm großen Elektronen statt, deren Kerne sich nochmal ca. 20°km weiter weg befinden. Diese kräftigen Bindungen im Nichts schaffen dabei unsere vertraute, gasförmige (mit anderen Kernen die flüssige und feste) Welt.

So wie ein Blick auf die kleinen Bauteile unserer Welt eine erstaunliche Leere offenbart und wir verwundert feststellen müssen, dass die uns vertraute feste Welt, in und auf der wir leben, eigentlich aus winzigen elektromagnetischen Feldkräften gebaut ist, so können wir eine ebenso überraschende Entdeckung machen, wenn wir in einer klaren Nacht, fernab der Städte mit ihren hellen Lichtern, im Angesicht des mit unzähligen Sternen überfüllten dunklen Nachthimmels, an die Abstände und Dimensionen der Himmelskörper denken. Wenn wir uns, statt des einen Meter großen Wasserstoffkerns, nun die Sonne mit einem Durchmesser von einem Meter vorstellen, dann würden wir feststellen, dass die etwa 1°cm große Erde, von ihrem ca. 3°mm großen und ungefähr 25°cm entfernten Mond umrundet, einhundert Meter weit entfernt um diese Sonne ihre Kreise zieht. Pluto, der äußerste Planet im Sonnensystem, der kein Planet mehr sein darf, wäre dann ca. 4,5°km weit entfernt und etwa 40.000°km weiter (also einmal um den originalen Umfang der Erde) würde unserer einen Meter große Sonne der nächste Stern, Proxima Centauri, folgen. In dem so unglaublich leeren Universum regiert das Gravitationsfeld mit unvorstellbarer Reichweite. Die einen Meter große Sonne wäre in einem äußeren Arm einer ungefähr 16.000 Millionen km großen Galaxie und die nächste von Milliarden Galaxien des Universums wäre so 240.000 Millionen km von unserer einen Meter großen Sonne entfernt.

Wenn sich die Wirkung der Masse über so ausgedehnte Felder vollzieht, dann kann sie anders als unsere vertraute Welt zwischen Mikro- und Makrokosmos vermuten lässt, nicht direkt als strukturbildend angesehen werden. Keine der bekannten Wechselwirkungen gilt als massebildend. So müsste die Masse als Energie gesehen werden, deren weit wirkendes Feld die Kraftwirkung beim halben Weg vervierfacht.

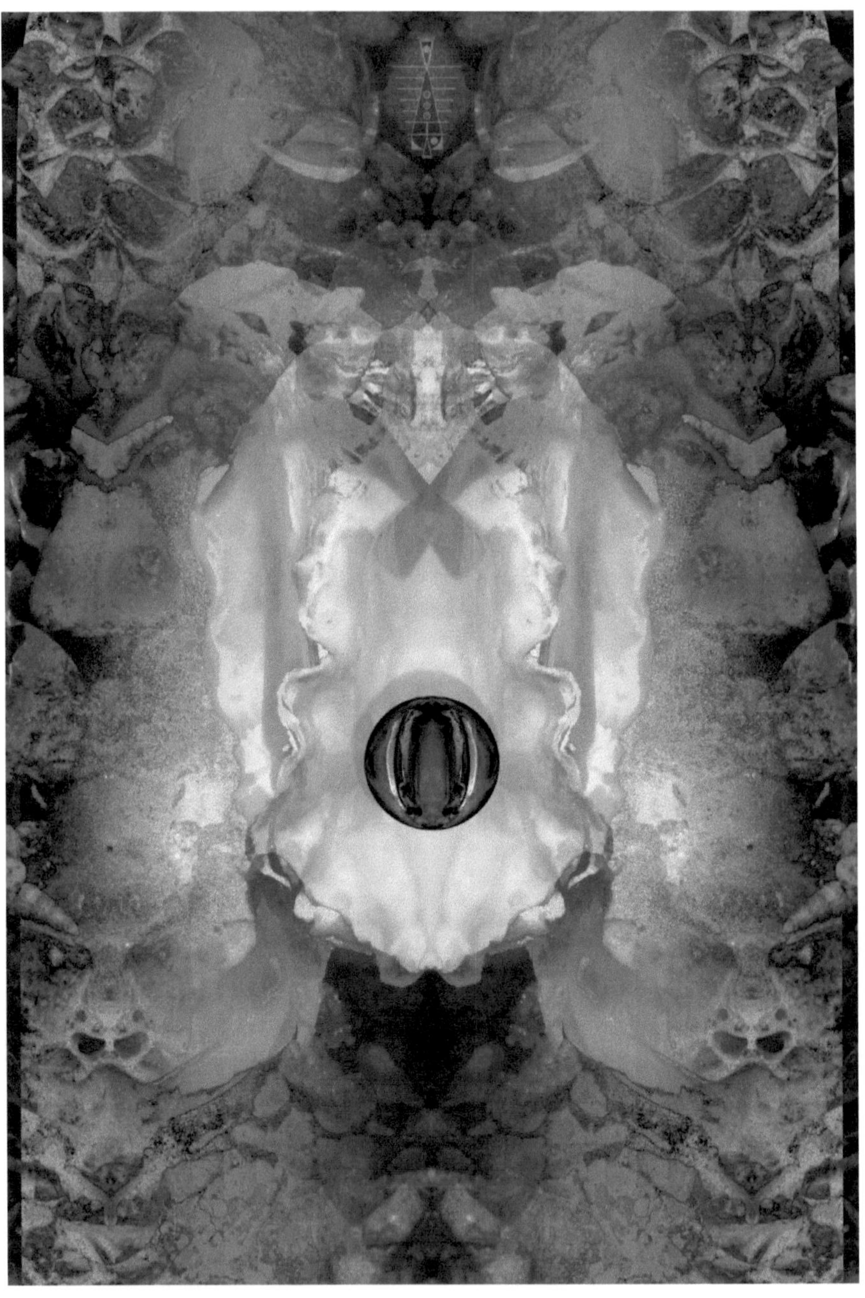

Es wird Zeit!

Die Suche nach einer einheitlichen Theorie sollte mit einer Suche nach grundlegenden Gemeinsamkeiten der Wirkungen beginnen, die in dieser Theorie beschrieben werden sollen. Was sind die grundlegenden Gemeinsamkeiten der uns bekannten Wechselwirkungen?

„In der Quantenfeldtheorie ist das Feld der fundamentale Begriff, aus dem alle Eigenschaften der Materie und Kräfte entwickelt werden. Alle bekannten Materieteilchen bestehen aus Feldquanten bestimmter Felder, während die Kräfte zwischen ihnen durch Austauschteilchen, d. h. Feldquanten bestimmter anderer Felder, bewirkt werden. Die einzelnen Feldquanten sind die fundamentalen Elementarteilchen." (Auszug aus Wikipedia)

„Im Rahmen der allgemeinen Relativitätstheorie wird durch die einsteinschen Feldgleichungen (nach Albert Einstein, auch Gravitationsgleichungen) das physikalische Phänomen der Gravitation durch Methoden der Differentialgeometrie mathematisch formuliert." (Auszug aus Wikipedia)

Sind es nicht gerade die Feldbeschreibungen, die durch ihre Kraftwirkung im Nichts verwundern? Könnte man die Feldwirkungen aufgrund ihrer Beschreibungen als spukhafte Nah- und Fernwirkung bezeichnen?

*„Wie Körper besitzen Felder Energie (die **Feldenergie**), Impuls und auch Drehimpuls. Die Kraftwirkung zwischen zwei Körpern im leeren Raum wird dadurch erklärt, dass ein Feld diese Größen von einem Körper aufnimmt und sie auf den anderen Körper überträgt." (Auszug aus Wikipedia)*

Was sind diese Felder, die Kräfte, Teilchen sowie Zeit und Raum beeinflussen?

*„In der Physik beschreibt ein **Feld** die räumliche Verteilung einer physikalischen Größe."*

Die „einsteinschen Feldgleichungen" beschreiben die Raumzeitkrümmung durch Masse (=E ?).

Die Quantenfeldtheorie beschreibt die Kraftwirkung (=E) zwischen Masseteilchen (=E.?).

Beschreibt also ein Feld die Wirkung von Energie?

Die Energie ist gleich die Größe der Kraft, die aufgebracht werden muss, um eine bestimmte Masse eines Körpers innerhalb einer bestimmten Zeit auf eine bestimmte Geschwindigkeit zu beschleunigen mal die Entfernung, die diese Masse in dieser Zeit zurückgelegt hat.

Beschreibt ein Feld also eine zeit- und raumabhängige Kraftwirkung?

Wenn man die Energie als Erhaltungsgröße sieht und nach Gottfried Wilhelm von Leibnitz davon ausgehen würde, dass der Raum kein „Etwas" ist und nur die Beziehung zwischen Massen regelt, so bleibt als „unabhängige" vermittelnde krafttragende Größe nur der Zeitverlauf eines Feldes.

Wenn ein Feld wie ein Körper (wie eine Masse) Energie besitzt, könnte es dann wie ein Körper den Zeitverlauf verändern und ist es so denkbar, dass die allen Wechselwirkungen zugrunde liegende Feldwirkung eine energietragende Zeitverlaufsänderung ist?

Die Enertialtheorie

Alle physikalischen Ereignisse werden zurzeit durch die uns bekannten vier Wechselwirkungen beschrieben. Dabei ist die Gravitation für die Bewegung der Massen, die starke Wechselwirkung für die Anziehungskraft im Atomkern und damit für die Bewegung der elementaren Bausteine des Atomkerns, die schwache Wechselwirkung für die Strahlung, also für die Bewegung des radioaktiven Zerfalls und die elektromagnetische Wechselwirkung für die Bewegung elektromagnetischer Ladungen zuständig. Es entfalten alle vier Wechselwirkungen ihre Wirkungen durch die Bewegung und wir können somit alle uns bekannten Ereigniswirkungen durch die physikalische Größe der Bewegung beschreiben. Die Bewegung verstehen wir als eine Energieform. Wir unterscheiden verschiedene Energieformen, deren Energie von Form zu Form übertragbar ist und die dabei weder entstehen noch vergehen kann. Besser zu verstehen wird diese Feststellung, wenn die verschiedenen Erscheinungsformen von Energie genauer betrachtet werden. So ist erkennbar, dass akustische Energie, Strahlungsenergie, elektromagnetische Energie, Wärmeenergie, chemische Energie und Kernenergie genau genommen Bewegungsenergien und damit kinetische Energien sind. Energie und Bewegung sind also zwei Namen für eine Sache. Wenn nun alle uns bekannten Wechselwirkungen und Energieformen durch Bewegung wirken, dann muss die Bewegung am Anfang einer Betrachtung stehen, die das Erstellen einer neuen Theorie zum Ziel hat. Bewegung beschreiben wir mit der Geschwindigkeit und die Geschwindigkeit bestimmen wir mit der Zeit, die ein Objekt benötigt, um über eine definierte Strecke die Position zu wechseln. Wenn wir die Bewegung, unter Berücksichtigung des dritten Gesetzes von Isaac Newton, als eine für alle bekannten Wechselwirkungen und Energieformen zugrunde liegende Energieform verstehen und der Raum mit seiner lokalen Bindung nicht als Träger der Bewegungsladung angesehen werden kann, dann muss die Bewegungsenergie mit den bewegten Objekten verbunden sein. Der sich mit der Größe der Masse verändernde Zeitverlauf wird schon seit der Allgemeinen Relativitätstheorie mit der bewegten Masse verbunden und wenn außer einem Raummaß und der Zeit keine weiteren physikalischen Größen an der Geschwindigkeit einer Bewegung beteiligt sind, bleibt nur die Zeit als möglicher Träger der Bewegungsenergie.

Das dritte Gesetz von Isaac Newton setzt für jede Bewegung mindestens zwei Beteiligte voraus. Weil sich die Energiemenge einer Bewegung immer aus den Bewegungen aller Beteiligten ergibt, wird die Bewegung in der Enertialtheorie als Ladung gesehen. So wird in der Enertialtheorie die Wirkung der Bewegung durch die Beziehungen der Zeitverlaufsfelder bewegter Massen, d.h. durch die Ladungsdifferenzen der Zeitverlaufsfelder beschrieben, die als Zeitverlaufsfeldenertiale bezeichnet werden.

Wenn die Ladungsdifferenz zwischen Zeitverlaufsfeldern als Energieform (Zeitverlaufsfeldenertial) gesehen wird, dann müsste das uns bekannte Zeitverlaufsfeld einer Masse zum Zeitverlaufsfeld einer anderen Masse ladungsbildend und damit wechselwirkend zwischen Massen sein.

Zeitverlaufsfeld und Wandlung zur Bewegung

In der allgemeinen Relativitätstheorie wird die Zeit als vierte Dimension mit dem dreidimensionalen Raum zu einer vierdimensionalen Raumzeit verbunden, welche dann durch Masse gekrümmt wird. In diesen gekrümmten Raum fällt im „freien Fall" jede in der Nähe befindliche Masse, deren Geschwindigkeit und Richtung für eine Entfernung von der raumkrümmenden Masse nicht ausreicht. So ist die Gravitation ein Vorgang ohne die Wirkung von Kraft, die mithilfe von Tensoren berechnet wird. Die Krümmung einer Fläche in eine dritte Raumdimension ist theoretisch durchaus vorstellbar. Wohin krümmt sich in der allgemeinen Relativitätstheorie ein dreidimensionaler Raum, dessen Raumkoordinaten mit der vierten (Nicht-Raum-)Zeitkoordinate verbunden wird? Masse krümmt in der allgemeinen Relativitätstheorie wie und durch was Raum und Zeit? Wie und durch was fällt durch „freien Fall" im (angenommen) gekrümmten schwerelosen Raum ohne die Wirkung von Kraft, Masse (schwerelose Energie) auf welche Masse (schwerelose Energie)? Warum sollte eine Raumkrümmung, ohne die kraftvolle Wirkung von Gravitation, eine Masse in Bewegung versetzen? Wie entsteht die Trägheit der Masse und was beendet den freien Fall einer Masse in einer Raumkrümmung?

In der Enertialtheorie gibt es keinen „freien Fall". In Abhängigkeit zur Entfernung von zwei Massen überlagern sich ihre Zeitverlaufsfelder und verursachen damit einen verlangsamten Zeitverlauf zwischen den Massen. In der Enertialtheorie wird Bewegung als Energie und Energie als Bewegung und somit zeitabhängig gesehen. Der verlangsamte Zeitverlauf zwischen den Massen verursacht ein Zeitverlaufsfeldenertial mit einer Wirkung auf die beteiligten Massen. Die Voraussetzung eines Ausgleichsstrebens dieses durch Überlagerung entstandenen Zeitverlaufsfeldenertials zwischen Massen und deren Außenbereiche führt zu einer Umwandlung in Bewegung, die von uns als Gravitation bezeichnet wird. Zudem durchqueren Massen bei einer Annäherung ihre überlappenden Zeitfelder. Die in der Enertialtheorie als Ladung verstandene absolute Geschwindigkeit einer Masse zu einer anderen Masse wirkt in dem verlangsamten Zeitverlauf zwischen den beteiligten Massen beschleunigt, welches als eine zweite Wirkung von Gravitation in der Enertialtheorie anzusehen ist.
Die Gravitation in der Enertialtheorie ist also die zweifache Wirkung des verlangsamten Zeitverlaufs zwischen Massen.

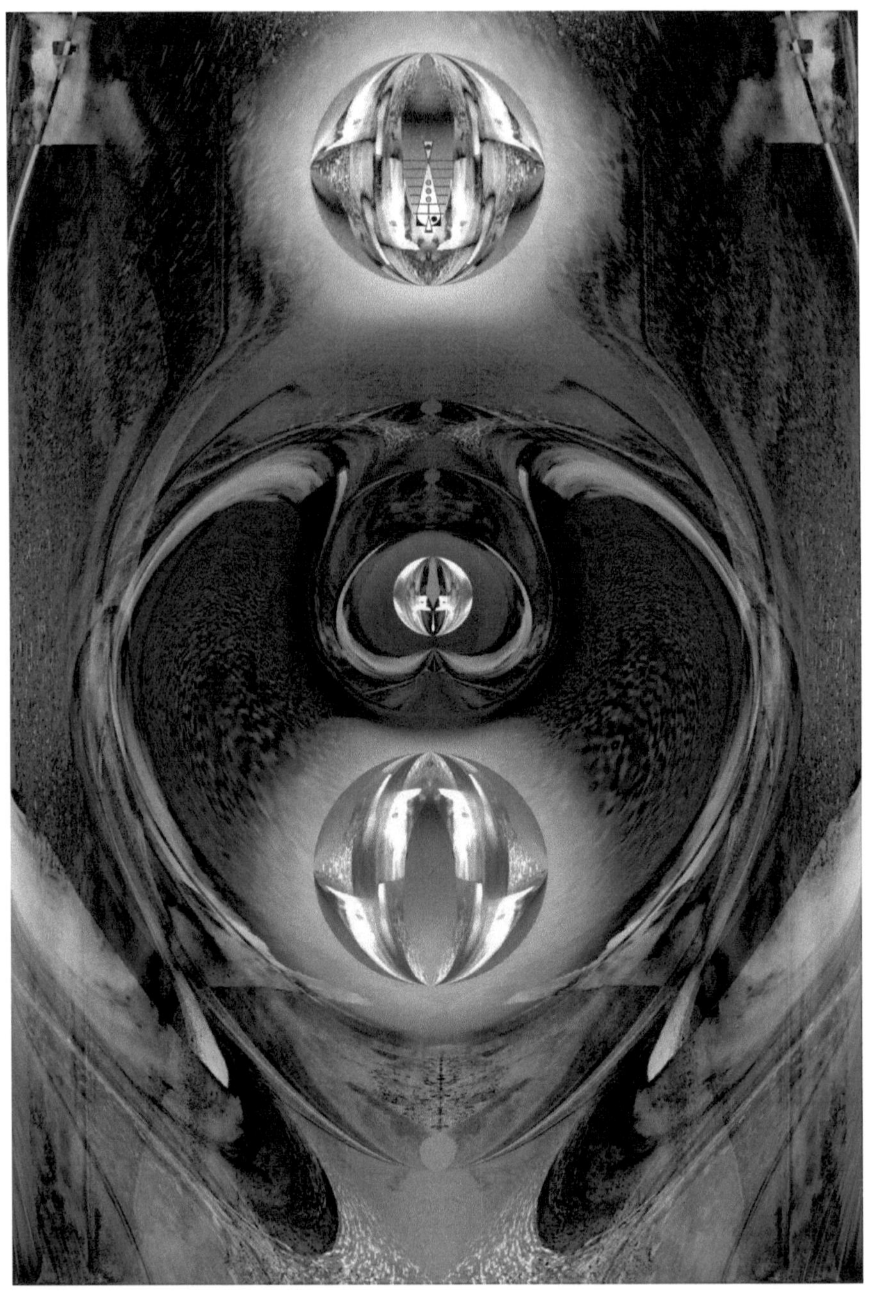

Zeitverlaufsfeld und starke Kraft der Nähe

In der Enertialtheorie ist ein Enertial der Massenenergie durch die Differenzen der Zeitverlaufsfelder aller beteiligten Massen als Ursache für die Gravitation anzusehen. Wenn man für ein Enertial der Massenenergie, das durch Zeitverlaufsfelder (Gravitation) verursacht wurde, weiterhin voraussetzt, dass die Halbierung des Abstandes von zwei Massen die Wirkung der Gravitation vervierfacht und zudem davon ausgeht, dass die Masse von elementaren Teilchen gebildet wird und man diesen Prozess im Gegensatz zur Relativitätstheorie auch im Inneren der Atome als einen fortlaufenden Prozess sehen will und auch noch in Betracht zieht, dass an der äußeren Atomhülle die Wirkung eines Enertials der Massenenergie auf eine andere atomare Masse keine starke Wirkung haben kann, so würde sich das auf halbem Weg zum Atomkern auch nicht wesentlich ändern. Auch bei einem Viertel des Weges wären wir erst bei dem Sechzehnfachen der Wirkung, die an der äußeren Hülle des Atoms zu finden ist. In der Nähe des winzigen Atomkerns jedoch würde die Wirkung auf das Millionenfache steigen und schließlich im Inneren eines Atomkerns vielfach Millionen Mal so stark sein.

Die Zeitfeldenertiale im Elementarteilchensee, in dem sich die Quarks befinden, aus denen die atomkernbildenden Protonen und Neutronen gebaut sind, müssen aufgrund ihrer Nähe und ihrer damit fast vollständigen Überlagerung eine unglaublich starke Wirkung aufeinander hervorrufen. So können in der Enertialtheorie die Differenzen der Zeitverlaufsfelder, die zu Enertialen der Massenenergie führen, nicht nur als Ursache für den Vorgang der Gravitation, sondern auch als Ursache der starken Wechselwirkung angesehen werden.

Gedanken beim Laufen (28.11.2017)

Es ist kalt. Das düstere Grau der Wolken ist wie mit einem dicken Aquarellpinsel quer über ein violettschimmerndes Nachtblau des Horizonts gestrichen, das von den kahlen Baumwipfeln zerstochen wird. Die kühle klare Luft auf dem Heimweg befreit die Gedanken von der Last der egozentrischen Pflicht im Gruppenzwang und das verkrampfte Körpergefühl lockert sich nach und nach durch die gleichmäßige ungestörte Schrittfolge auf der fast leeren Straße. Eine Frage streift wie eine Sternschnuppe im Sternengefunkel meiner noch ungeordnete Gedankenwelt, in der Protonen und Elektronen mit einem bedrohlichen knistern bemüht sind, Quarks zu verdauen: „Warum stürzen die Elektronen nicht in den Atomkern?" Diese Frage streifte schon manche Tage um diese oder jene Ecke meiner Kopfkonstruktionen. Physiker und Chemiker gehen von Schalen oder erlaubten Bahnen aus, in denen sich die Elektronen um den Atomkern bewegen dürfen oder sich wie in einem Orbit aufhalten müssen. Sollte jedoch nicht jeder Schalenbau oder jede Kraftfeldbahn eine Ursache haben? Durch was entstehen die Schalen oder Bahnen, die alle negativen Elektronen eines Atoms mit Kraft daran hindern, in den positiven Kern zu stürzen? Die feuchtkalte Novemberluft lässt die Augen schwimmen und in den tausend Strahlen des Laternenlichts vollziehen die in bunten Farben geschmückten Photonen ihren Interferenztanz. Dabei dreht sich die Zeit wie im Wellenrausch des Wachsens und Vergehens im Kreis.

Die Zeit! Kann es die Zeit sein? Die überlappenden Zeitfelder sorgen in der geplanten Enertialtheorie für eine Bewegung von Masse, welche wir Gravitation nennen und bei großer Nähe der Elementarteilchen für eine starke Bindung der Bestandteile des Atomkerns, die wir starke Wechselwirkung nennen.

Dennoch müssten auch hier die Elektronen in den Kern stürzen. Oder?

Felder haben eine Richtung! In einem elektromagnetischen Feld wird die Richtung durch Plus und Minus vorgegeben. Müsste ein Zeitverlaufsfeld ebenso eine Richtung aufweisen? Sind elektromagnetische Felder richtungsgebundene Zeitverlaufsfelder? Könnten diese komplexen Strukturen von gebundenen gerichteten Zeitverlaufsfeldern in den Atomkernen zu ausgeglichenen Bereichen oder zu Stillstandszonen der Zeit führen, die den Elektronen um den Atomkern energieabhängig (bewegungsenertial und damit zeitverlaufsfeldabhängig) Schalen oder Orbits zuweisen? Ist mit einer energietragenden Zeit eine alle Wechselwirkungen vereinende und erklärende Theorie geschaffen?

Es durchrieseln mich heiß-kalte Wellen vom Kopf bis zum Bauch. Mit einem Schlag ist mir klar, was das bedeutet. Alles (fast alles) lässt sich so erklären. Höre ich jetzt auf zu existieren?

Was wird nun, wo es scheint, als könnten all' meine Fragen zu einer Antwort finden?

„Dem Augenblicke möchte ich sagen – verweile doch du bist so schön"?

Nichts ändert sich. Alles bleibt, wie es vorher war. Ich stolpere über eine erhöhte Stelle auf dem Fußweg und trete zwei Minuten später ohne Pudel zu Hause durch die Tür, hinter der eine wirbelnde Frau mein Erscheinen freudig mit dem Verteilen von Aufgaben begrüßt.

Zeitverlaufsfeld und Bindungskraft

Von elektromagnetischen Feldern zwischen den Galaxien bis zu den elektromagnetischen Feldern der kleinsten uns bekannten elementaren Teilchen ist die elektromagnetische Wechselwirkung beteiligt, deren Wirkung sich wie bei der Gravitation mit halbiertem Abstand vervierfacht. Aus den elektromagnetischen Bindungen der Elektronen in der Atomhülle ist unsere feste, flüssige und gasförmige Welt gebaut. Wenn wir nun davon ausgehen, dass dieses „Etwas", welches wir als Masse bezeichnen, als eine Energieform zwischen den geladenen Feldern der Quarks entsteht, dann stellt sich die Frage, ob die in der Enertialtheorie postulierte Ladung des Zeitverlaufsfeldes in einer bestimmten Form dem elektrischen Feld entsprechen könnte. Was ist ein elektrisches Feld? Voraussetzung für ein elektrisches Feld sind zwei elektrisch unterschiedlich geladene Objekte in einem Wirkungsabstand. Ein elektrisches Feld beschreibt dabei die Kraftwirkung zwischen zwei unterschiedlich geladenen Objekten im Nichts in Abhängigkeit von der Distanz. Das Nichts als Trägersubstanz für eine Wirkung zu sehen, ist dabei ebenso zweifelhaft wie die Schwingung von Nichts als Lichtwelle zu verstehen.

Die kleinsten, uns bekannten, Masse bildenden Teilchen besitzen elektromagnetische Ladungen, werden als Energie verstanden und mit Wellenfunktionen beschrieben. Aus Sicht der Enertialtheorie wirken alle Energieformen, einschließlich der Zeit, durch Bewegung und so ist die Energie der elektromagnetischen massebildenden Elementarteilchen auch als Bewegung, Spin oder Drehung zu verstehen. Bei einer Drehung wird der Weg, den ein Punkt der Drehung zurücklegen muss, bestimmt durch den Abstand zum Mittelpunkt der Drehung. Je näher der Abstand zum Mittelpunkt der Drehung, umso kürzer der Weg der Drehung und umso größer die Energie des Punktes. Diese Drehungsenergie eines Punktes beschreiben wir mit der physikalischen Größe der Geschwindigkeit und die Geschwindigkeit mit der Zeit, die für eine definierte Strecke benötigt wird. Die Strecke als eine lokale Größe kann keine Energie tragen und so muss die Zeit als Träger der Bewegungsenergie einer elementaren Drehung angesehen werden. Weil jeder Punkt einer solchen Drehung einen eigenen Energiewert besitzt, ist die elementare Drehung als ein drehendes Zeitverlaufsfeld zu sehen. Ein solches durch Drehung entstandenes Zeitverlaufsfeld würde eine Drehrichtung besitzen. Die Begegnung dieses drehenden Zeitverlaufsfeldes mit einem anderen drehenden Zeitverlaufsfeld entgegengesetzter Drehrichtung müsste am Ort des Zusammentreffens zu einem Bereich der beschleunigten Bewegung, somit zu einem langsameren Zeitverlauf und nachfolgend zu einer Anziehung der beiden entgegengesetzt drehenden Zeitverläufe führen. Die Bindungskraft der entgegengesetzt drehenden Zeitverläufe, die aus der Beschleunigung der Drehung am Ort der Begegnung und somit aus dem verlangsamten Zeitverlauf an dieser Stelle entsteht, erreicht mit dem Zeitstillstand zwischen den entgegengesetzt drehenden Zeitverläufen ihr Maximum und begrenzt damit die Annäherung dieser Zeitverläufe. Die unterschiedliche drehrichtungsabhängige Bewegung wird als positive oder negative Ladung bezeichnet. Entgegengesetzte Drehbewegungen führen am Ort des Zusammentreffens zu einer Anziehung, während sich Drehbewegungen in die gleiche Richtung am Ort des Zusammentreffens abstoßen. Die Möglichkeit dieser elementaren Drehungen (drehenden Zeitverläufe), in verschiedene Richtungen Bindungen einzugehen, schafft dabei unterschiedliche Ladungseinheiten, die wir als neutral, negativ oder positiv geladene elementare Teilchen bezeichnen. Starke Energiezufuhr zwingt die elementaren Drehungen zu weiterer Annäherung und führt dabei zu einer zahlreicheren und stärkeren Bindung.

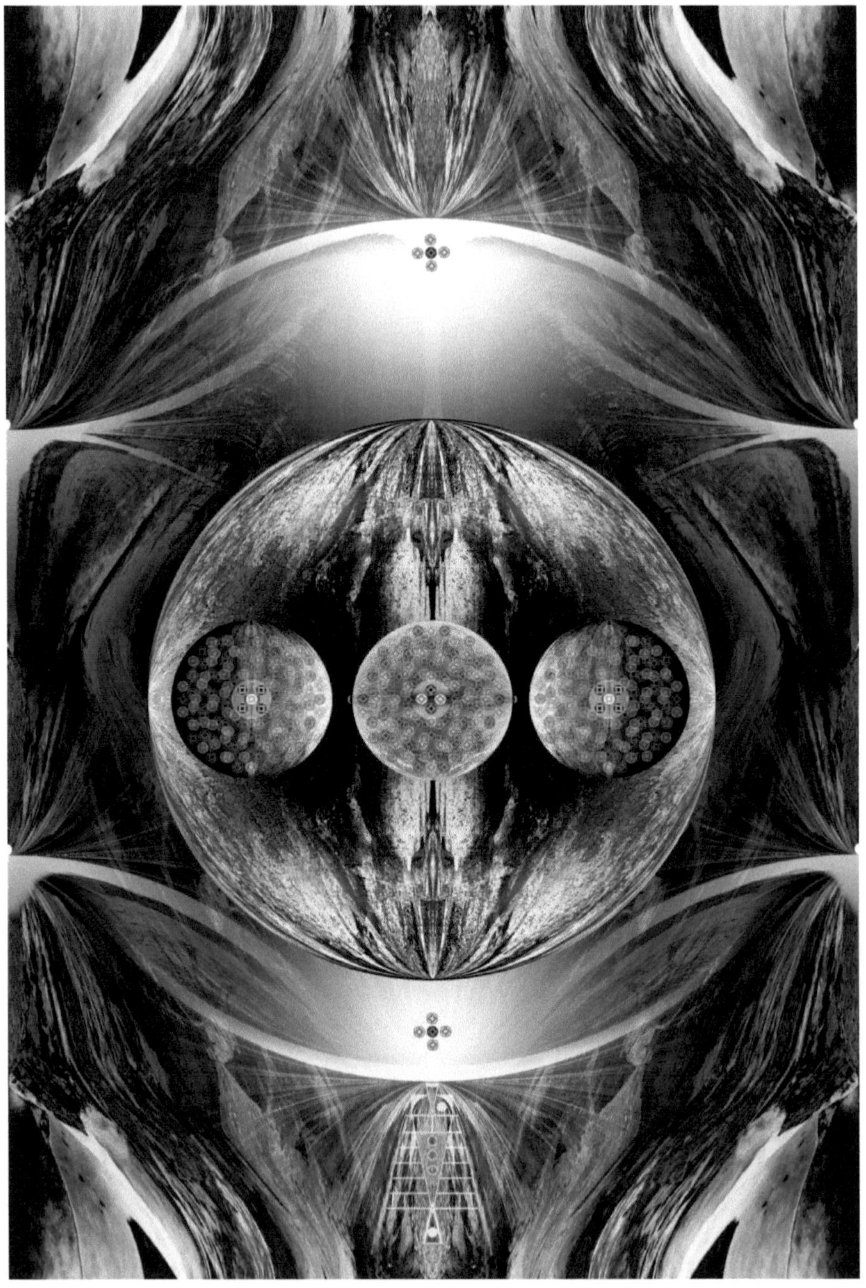

Zeitverlaufsfeld und Energieformwechsel

In der Enertialtheorie werden nicht nur für die Gravitation und die starke Wechselwirkung energietragende Zeitverlaufsfelder vorausgesetzt, sondern auch für elektromagnetische Wechselwirkungen. Dabei ist ein Gravitation verursachendes Zeitverlaufsfeld einer großen Masse wie ein großer Zeitfluss zu sehen, in dem elektromagnetische Ladungen (entgegengesetzt und gleich geladene elektromagnetische Potentiale) entgegengesetzt und gleichdrehende starke kleine Zeitverlaufsfelder im schwachen großen Zeitfluss verursachen, deren Beziehungen wir als elektromagnetische Felder bezeichnen. In einer Masse aus Atomen mit Elektronenüberschuss teilen sich die vielen Elektronen mit gegeneinander abweisend negativem Zeitverlaufsspin die anziehenden positiven Zeitverlaufsspins der Atomkerne. Eine zweite Masse mit Elektronenmangel bildet, in Abhängigkeit zur Nähe der beiden Massen, aufgrund der unterschiedlichen Richtung der nach außen wirkenden Zeitverlaufsspins ein Zeitverlaufsfeldenertial. Diese Zeitverlaufsfeldenertiale zwischen entgegengesetzt drehenden Zeitverlaufsspins von unterschiedlich geladenen Massen werden als anziehende elektrische Felder bezeichnet. Massen mit gleichen elektromagnetischen Ladungen erzeugen aufgrund der in gleicher Richtung drehenden Zeitverlaufsspins ein abstoßendes Zeitverlaufsfeldenertial das als abstoßendes elektrisches Feld bezeichnet wird. Diese anziehenden und abstoßenden (elektrischen Felder) Zeitverlaufsfeldenertiale entstehen durch die Ansammlung unterschiedlicher Mengen an elementaren Drehungen, d.h. kleinster Zeitverlaufsfelder im Zeitfluss einer großen Masse.

Der Bewegung eines elektrischen Feldes geht eine Bewegung des elektrischen Ladungsträgers oder eine Veränderung der Ladungsgröße (Ladungsbewegung) voraus. In der Enertialtheorie ist die Veränderung der Ladung im Enertial eines elektrischen Zeitverlaufsfeldes als eine Veränderung der Energie zu sehen. Dieser Energieformwechsel durch das Abgeben oder Aufnehmen von Energie im Zeitverlaufsfeld wird über 45° versetzte Zeitfeldenertiale realisiert, die als magnetische Felder bezeichnet werden und diese „magnetischen", d.h. die um 45° versetzten, Zeitfeldenertiale geben diese Energie an 45° versetzte elektrische Zeitfeldenertiale weiter, wodurch fortlaufende Prozesse bewegter Zeitfeldenertiale (Energieformwechsel über Bewegung) entstehen, die wir als Strahlung bezeichnen. Die Bewegung ist dabei als energietragend zu sehen.

Zeitverlaufsfeld und Zerfall

Wenn wir behaupten, dass die erfahrbare Welt durch die vier Wechselwirkungen beschrieben werden kann, dann gehen wir davon aus, dass alles in dieser Welt von Bewegung bestimmt wird. Wenn wir die Bewegung zum Wesen des Seins machen, also die Veränderlichkeit ins Zentrum der Betrachtung rücken, dann stellt sich nachfolgend die Frage: „ Was wird verändert?"

So müssen wir schon am Anfang von allem entscheiden, ob wir von Veränderungen in einem existierenden Raum oder von Veränderungen der Beziehung zwischen Seiendem ausgehen wollen und wir müssen entscheiden, ob das Sein mit einer Anzahl existierender Teilchen oder mit einem Unterschied im Sein beginnt. Wenn wir Masse als eine Energieform verstehen wollen, die mit ihrem Gravitationsfeld den Zeitverlauf verändert und nachfolgend die Wirkung der Zeitverlaufsfelder von zwei Massen als Ursache für die Gravitationswirkung erkennen, so könnte die Voraussetzung eines existierenden Raumes entfallen. Wenn wir verstehen, dass unsere Welt aus der Feldwirkung der elektromagnetischen Ladung gebaut ist, dann stellt sich die Frage: „Was trägt in diesem Feld die Wirkung?" Wenn wir nun in Ermangelung anderer Möglichkeiten annehmen, dass der veränderliche Zeitverlauf die Wirkung elektromagnetischer Felder trägt und sich, wie uns bekannt ist, diese Wirkung bei halben Abstand vervierfacht, dann könnte auch die starke Wechselwirkung damit erklärt werden. Die schwachen Wechselwirkung wird heute von einer Quantenzahl abgeleitet, die zur Beschreibung der starken Wechselwirkung dient, welche selbst aus einem so komplizierten Gewebe von Gluonen, Quarks und Antiquarks besteht, das sie schwer zu berechnen ist. Die schwache Wechselwirkung kann Leptonen in andere Leptonen und Quarks in andere Quarks umwandeln. Die einzigen stabilen Leptonen sind das Elektron und das Positron. Die Leptonen und Quarks beschreibt man in der Quantenfeldtheorie mit Wellenfunktionen, sie weisen keine Substruktur auf und sind nach dem Standardmodell die Grundbausteine der Materie. Wir beschreiben also mit Wellenfunktionen die Grundbausteine, aus denen die Welt gebaut ist, wobei die stabilen Leptonen im Wesentlichen für den Bau der Atome und die Quarks für den Bau von Protonen und Neutronen im Atomkern verantwortlich sind. Die Reichweite der schwachen Wechselwirkung ist kleiner als der Atomkernradius und im Atomkern befindet sich ein See aus Anhäufungen komplizierter Wellenfunktionen, mit denen wir Gluonen, Quarks und Antiquarks beschreiben und unter denen sich die Valenzquarks befinden, aus denen die Protonen und Neutronen bestehen. Man stelle sich dieses Gewebe aus unterschiedlichen und ausgeglichenen, elektrischen, magnetischen und massegeladenen Wellenfunktionen in einem See vor, von dessen Bestandteilen wir weder die Anzahl noch die Positionen genau kennen. Die Wirkung der Wellenfunktionen wird über Raum und Zeitangaben beschrieben und weil sich der Raum als wirkungstragende Größe nicht eignet, bleibt auch hier nur das Zeitverlaufsfeld als energietragende Größe. Die durch doppelte Nähe vervierfachte Wirkung des Zeitverlaufsfeldes einer elektromagnetischen Ladung könnte also für die starke Bindung von Protonen und Neutronen sowie auch als Ursache von Umwandlungen im Wellenbad der Kern-Seen angesehen werden, so wie die gegenseitige Beeinflussung dieser Zeitverlaufsfelder in der Enertialtheorie auch die Gravitation erklärt.

Weil die starken Zeitverlaufsfelder der schwachen Wechselwirkung einen langsamen Zeitverlauf bedingen, finden solche Prozesse sehr selten statt.

Das Enertial des Seins

Wir können keinen absoluten Mittelpunkt für den Raum finden, in dem sich die von uns zu beobachtenden Objekte bewegen. So können wir den Raum auch nur als einen Begriff verstehen, mit dem wir die Beziehungen der zu beobachtenden Objekte zueinander beschreiben. Dieses tun wir, indem wir Felder definieren. Dabei gehen wir davon aus, dass diese Felder Energie tragen. Die einzige physikalische Größe eines Feldes, die Energie tragen könnte, ist die Zeit. Somit müsste jedes Feld, das die Beziehungen der zu beobachtenden Objekte zueinander beschreibt, ein energietragendes Zeitverlaufsfeld sein. Weil alle Wechselwirkungen und Energieformwechsel immer durch Bewegung wirken, die Bewegung von uns als eine physikalische Größe der Energie über Angaben der Geschwindigkeit definiert wird und der Raum nur ein Begriff sein kann, der die Beziehungen zwischen Seiendem also der energietragenden Zeitverlaufsfelder beschreibt, bleibt nur die Zeit als Träger von Bewegungsenergie.

Abgesehen von <u>der starken Wechselwirkung,</u> die wir als Bindungsenergie der
elektromagnetisch geladenen Elementarteilchen im Atomkern verstehen,
<u>der schwachen Wechselwirkung,</u> die im Atomkern den Zerfall von Verbindungen dieser
elektromagnetischen geladenen Elementarteilchen durch Strahlung beschreibt
und abgesehen von <u>der Gravitation,</u> die eine Anziehungskraft zwischen Ansammlungen
elektromagnetisch geladener Elementarteilchen beschreibt,
ist das wahrnehmbare Universum aus <u>der elektromagnetischen Wechselwirkung</u> der
elektromagnetisch geladenen Elementarteilchen gebaut.

Nachfolgend ist es naheliegend den Spin der kleinsten uns bekannten elektromagnetisch geladenen Elementarteilchen, die wir mit Wellenfunktionen beschreiben, als eine Bewegungsenergie zu verstehen, die von der Zeit getragen wird. Wenn wir ein elektromagnetisches Feld dieser kleinsten Teilchen, das Impuls und Energie tragen kann, als ein Vektorfeld beschreiben, welches die Stärke und Richtung dieser Kraft auf jeden Raumpunkt im Feld verteilt, so sollten wir die Zeit als einzig mögliche physikalische Größe erkennen, die als Zeitverlaufsfeld Stärke und Richtung dieser Kraft tragen kann. In der Enertialtheorie wird eine Wechselwirkung zwischen energietragenden Zeitverlaufsfeldern als Zeitverlaufsfeldenertial bezeichnet. Die winzigen, sich um die eigene Achse drehenden und richtungsgebundenen Zeitverlaufsfelder im Elementarteilchensee des Atomkerns wurden durch gigantische Energien in solch eine Nähe gezwungen, dass ihre Zeitverlaufsfeldenertiale starke Bindungsenergien schaffen, die wir als starke Wechselwirkung bezeichnen. Die unterschiedlich oder gleichdrehenden und auf engste Nähe gezwungenen stark anziehenden und abstoßenden Zeitverlaufsfeldenertiale (Ladungen) können bei großen Gruppierungen instabil werden und somit zu energieabstrahlenden Neuordnungen führen, die wir als schwache Wechselwirkung verstehen. Atome haben eine durch den Atomaufbau bedingte Ausrichtung der Zeitverlaufsfelder (elektromagnetische Ausrichtung). Diese ausgerichteten Zeitverlaufsfelder von Atomansammlungen bilden in den sich überlappenden Bereichen wirkungsverstärkende Zeitverlaufsfeldenertiale. Diese wirkungsverstärkten Zeitverlaufsfeldenertiale haben auf Zeitverlaufsfeldenertiale anderer Atome und Atomansammlungen eine Wirkung, die wir als Gravitation bezeichnen.

So schaffen um sich selbst drehende elementare Zeitverlaufsfelder je nach Ausrichtung Zeitverlaufsfeldenertiale die in engen Gruppierungen als unterschiedlich geladene Teilchen im Miteinander aller Wechselwirkungen als Enertiale des Seins bezeichnet werden können.

Die Postulate der Enertialtheorie

1. Postulat: „Bewegung ist die Ladung einer Energieform."

Mit dem Verzicht auf den absoluten Raum verlieren in der Enertialtheorie alle Wirkungen der Bewegung die relative Position eines Beobachters. Die Bewegung zwischen den Körpern der Aktion und der Reaktion wird zu einer Ladung und damit absolut gesehen. Die Ladung der Bewegung zu jedem anderen Körper ergibt sich aus dem Verhältnis von Richtung, Masse, Geschwindigkeit und Abstand zueinander.

2. Postulat: „Der Zeitverlauf ist die Ladung einer Energieform.".

Die räumliche Verteilung einer physikalischen Größe wird als Feld definiert. Demzufolge muss die räumliche Verteilung von einem Verlauf der Zeit in Abhängigkeit zur Größe und zum Abstand der Masse als Feld verstanden werden. Felder besitzen Energie (die Feldenergie) und können Impuls und auch Drehimpuls aufnehmen. So wird der Zeitverlauf in der Enertialtheorie als eine Ladung verstanden.

3. Postulat: „Der Raum ist keine Entität."

Der Raum ist ein Begriff, der die abstandsabhängige Beziehung von Zeitverlaufsfeldern bezeichnet, die sich um Enertialansammlungen bilden.

4. Postulat: „Die Masse ist keine Entität."

Die Masse ist ein Begriff, der die abstandsabhängige Beziehung von Zeitverlaufsfeldern bezeichnet, die sich in Enertialansammlungen bilden.

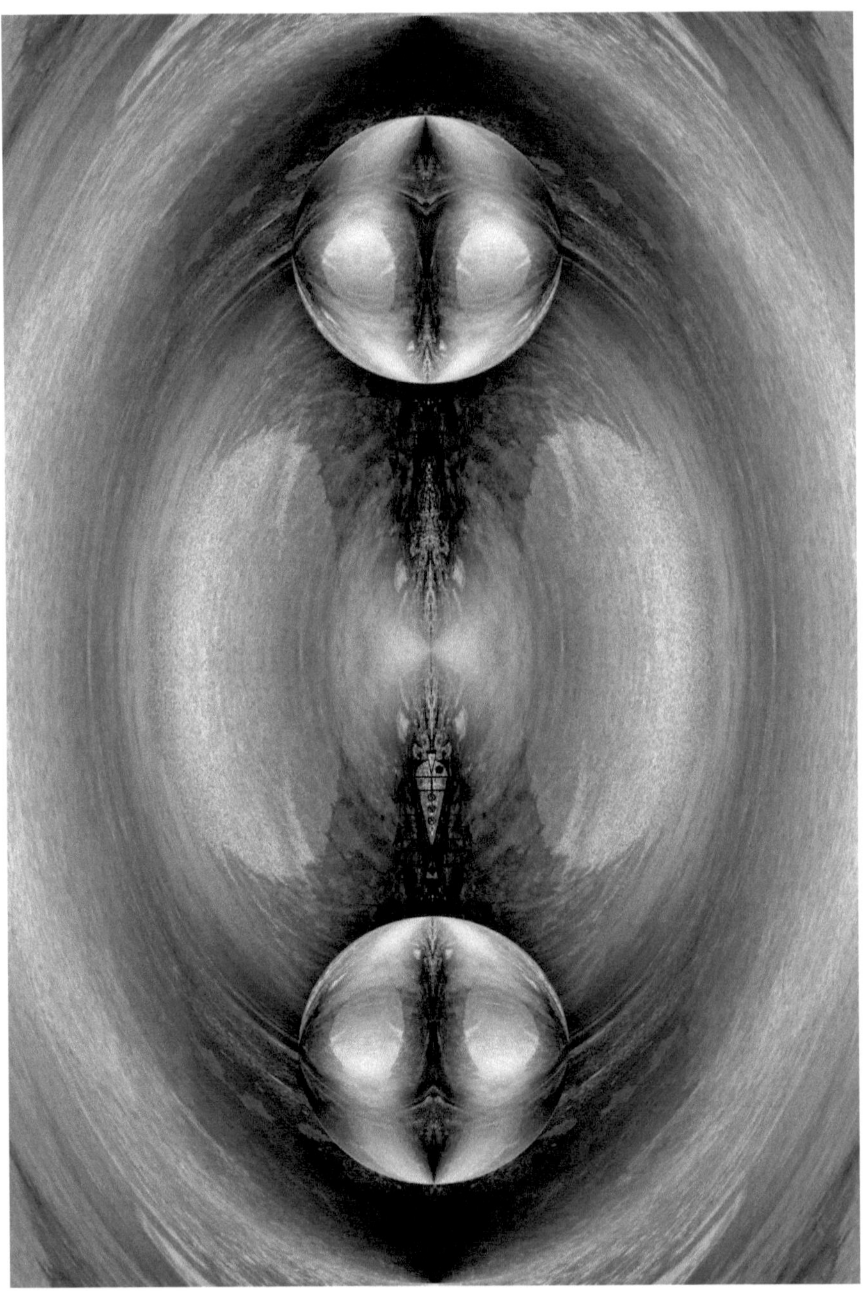

Bewegung ist eine Ladung

In der Relativitätstheorie wird die Bewegung, in Abhängigkeit zu einem Beobachter, durch den Einsatz eines Bezugsystems, (unvollständige Beschreibung der Bewegung von Körper A und Körper B (siehe S. 14) in einem unendlichen „absoluten" Raum ohne absoluten Ruhepunkt (unberücksichtigte Bindung von Bewegungsenergie) als relativ gesehen. Eine Sichtweise, die vom Großen (Voraussetzung der Unendlichkeit eines Raumes) zum Kleinen (der einzelnen Bewegung von Körpern) führt. Tatsächlich ist die Bewegung aber in Abhängigkeit zur Bewegung eines Beobachters zu sehen. Also müsste Bewegung relativ zur Bewegung zu verstehen sein. Obwohl Unterschiede einer Energieform üblicherweise als Differenz oder als Potential beschrieben werden, hat die Annahme eines absoluten Raums, der Einsatz von Bezugssystemen und das unvollständige Bewegungsmodell des idealisierenden ersten Gesetzes von Isaac Newton zu einer Sicht geführt, die Bewegung als relativ definiert und aus Sicht der Enertialtheorie einer Korrektur bedarf.

Wenn wir die Welt und somit zunächst die Physik verstehen wollen, stellt sich zuerst die Frage: „Was ist Bewegung?" Wir beschreiben Bewegung mit der Zeit, die „etwas" für die Änderung seiner Position im Raum benötigt. Und schon benutzen wir zwei Begriffe, die bis heute noch nicht eindeutig definiert sind. Was ist Zeit? Wie entsteht Zeit? Warum kennen wir nur eine Richtung der Zeit? Was ändert den Zeitverlauf in der Nähe einer großen Masse? Auch Albert Einsteins geniale Verbindung von Raum und Zeit zu einer Raumzeit beantwortet diese Fragen nicht. Denn was ist Raum? Nach Isaac Newton ein absolutes „Etwas". Nach Ernst Mach relativ. Für Albert Einstein, obwohl anfangs von Ernst Machs Ideen inspiriert, blieb der Raum in der speziellen Relativitätstheorie absolut.

„Nach der Allgemeinen Relativitätstheorie ist der Raum-Zeit doch etwas Veränderliches einzuräumen, wenn auch die absolut leere Raum-Zeit als (speziell relativtheoretischer Raum) nach wie vor als absolut anzusehen ist." (Brian Greene: Der Stoff aus dem der Kosmos ist)

Das erste Gesetz Isaac Newtons beschreibt einen idealisierten und theoretischen Vorgang! Es gibt in der Realität keine so perfekt gleichmäßig gestaltete Masse, dass man einen absoluten Ruhepunkt in ihr festlegen könnte. Es ist noch weniger vorstellbar, eine Masse so zu teilen, dass die Kraftwirkung dabei von den absoluten Mittelpunkten beider Massen ausgehen würde. Des Weiteren ist jede uns bekannte Masse in der Realität in Bewegung und es ist nicht zu erwarten, dass eine Kraftwirkung zur Teilung einer Masse so auszurichten wäre, dass sich die geteilten Massen auf einer absoluten Geraden voneinander entfernen könnten. Zudem muss der Kraftwirkung, die zu einer Teilung der Massen, also zu Bewegung führt, eine Energiemenge zugeordnet werden, die kleiner ist als die Gesamtenergie beider Massen, sodass die in Bewegung versetzten Massen immer gegenseitig ihrer verbleibenden, schwächer werdenden Gravitationswirkung ausgesetzt bleiben. So kann letztlich keine Geschwindigkeit der sich entfernenden Massen absolut gleichmäßig erfolgen und auch keine Bahn der sich entfernenden zwei Massen kann absolut geradlinig sein sowie es aufgrund des dritten Gesetzes von Isaac Newton auch keine relative Bewegung geben kann. Eine Bewegung ist immer ein energetischer Vorgang und es ist dabei auch immer von zwei Beteiligten auszugehen. Der enertiale (energetische) Vorgang der Trennung (Bewegung) einer Ansammlung von Enertialen (Masse) trennt und beschleunigt somit den Zeitverlauf, wobei zwischen den sich entfernenden und überschneidenden Zeitverlaufsfeldern ein Enertial entsteht, dessen Wirkung der Trennungsrichtung entgegengesetzt ist und bei einer Begegnung von Enertialansammlungen (Massen) als Anziehungskraft wirkt, die wir als Gravitation bezeichnen.

Der Zeitverlauf ist eine Ladung

In der Physik beschreibt ein Feld die räumliche Verteilung einer physikalischen Größe. Obwohl sich die elektrische Energie des elektrischen Feldes im Vakuum befinden kann, besitzen elektromagnetische Felder so wie Teilchen eine Energie (die Feldenergie) sowie Impuls und Drehimpuls. Das Vektorfeld der elektrischen Feldstärke ordnet jedem Punkt im Vakuumraum den orts- und zeitabhängigen Vektor E → der elektrischen Feldstärke zu. Wenn wir für die räumliche Zuordnung der elektrischen Feldstärke im Vektorfeld nur über den orts- und zeitabhängigen Vektor E → verfügen, dann müsste eine der beiden physikalischen Größen die Ladung (die Energie) eines elektrischen Feldes aufnehmen und transportieren.

„Bei einem Fluss ist das Wasser, das man berührt, das letzte von dem, was vorübergeströmt ist, und das erste von dem, was kommt. So ist es auch mit der Gegenwart."(Leonardo da Vinci)
Bei einem großen Fluss strömen unaufhörlich gewaltige Mengen an Wasser flussabwärts. Auf einer Brücke stehend habe ich oft beobachtet, wie sich Strömungen und Strudel bilden, die nicht der eigentlichen Flussrichtung des Wassers folgen. Sollte die Gegenwart also die Zeit, welche durch eine Masse eine Veränderung erfährt, die man als Zeitfeld beschreiben kann, ebensolche Strömungen und Strudel erfahren? Wäre es denkbar, dass die Zeit anders als Wasser und ohne Bett in alle Richtungen ablösbare Strömungen und Drehungen bilden kann, die wir als Strahlung wahrnehmen? Und dass der so durch Strömung und Drehung aufgeladene Zeitverlauf als Ladung (also Energie tragend) gesehen werden muss?
Die räumliche Verteilung einer physikalischen Größe wird als Feld definiert. Demzufolge muss die räumliche Verteilung des Zeitverlaufs, in Abhängigkeit von Größe und Abstand zu einer Enertialansammlung (Masse), als Feld verstanden werden. Ausgehend davon, dass Felder Energie besitzen (die Feldenergie), Impuls und auch Drehimpuls aufnehmen können, von Feldern Kraftübertragung ausgeht und alle grundlegenden Wechselwirkungen sowie Energieformen in Abhängigkeit zum Zeitverlauf verstanden werden, ist der Zeitverlauf in der Enertialtheorie als Ladung zu sehen. Die aus Enertialen bestehende „Masse" wird von einer Ladung ihres Zeitverlaufsfeldes umgeben, das mit den Zeitverlaufsfeld-Ladungen anderer „Massen" sowie mit Ladungen der von „Masse" unabhängigen Zeitverlaufsfeldern wechselwirkt.

Die Energie entspricht dem Sein, das durch Felder wirkt.
Viele der uns bekannten kleinsten elementaren Teilchen, aus denen unsere Welt gebaut ist, tragen elektrische Ladung. Alle Ladungsträger mit unterschiedlichen Ladungen bilden ein Feld mit polarisierter Kraftwirkung. Diese Kraftwirkung ist in der Enertialtheorie ein gerichtetes energietragendes Zeitverlaufsfeld. Der kleinstmögliche Abstand der unterschiedlichen Ladungen schafft dabei ein größtmögliches Enertial und damit den langsamsten Zeitverlauf zwischen den Ladungen und ein entsprechend großer Abstand mit der kleinstmöglichsten Kraftwirkung ist als Ursache für den schnellsten Zeitverlauf zu sehen. Die bei einer Bewegung, (3. Gesetz von Isaac Newton) d.h. bei einer Trennung von Ladung aufgewendete Energie ist aufgrund der Herkunft begrenzt (denn sie kann nur von den an der Bewegung beteiligten Ladungen stammen) und wird in Bewegungsenergie umgewandelt. Dabei wird der Zeitverlauf durch die „Ladungstrennung" auf und um die beteiligten einzelnen Ladungen mit zunehmender Entfernung und damit abnehmender Zeitverlaufsfeldwirkung beschleunigt, wobei aber nur ein von der Ladung abgelöstes beschleunigtes minimales Zeitverlaufsfeld-Enertial die maximale Geschwindigkeit des Lichts erreichen kann.

Über den Eimerrand

Der Raum ist eine im alltäglichen Gebrauch vertraute Sache. Wir kennen den Wohnraum, den Schlafraum, einen Stadtraum, den Lebensraum und den Weltraum. Seit Isaac Newton die Meinungsverschiedenheit mit Gottfried Wilhelm von Leibniz über die Beschaffenheit des Raumes mithilfe seines Eimerexperimentes zu seinen Gunsten entschieden hatte, ist der Raum ein „Etwas", das auch ungefüllt vorhanden sein soll. Eine Entität also, die viele Fragen nach sich zieht. Kann ein Raum ohne Äther, also ein leerer Raum, durch eine Masse gekrümmt werden? Es kann alles Mögliche gekrümmt werden, aber trifft das auch für einen Raum mit Nichts zu? Hat die Entität „Raum" Grenzen oder ist dieses leere „Etwas" grenzenlos? Wenn wir eine Unendlichkeit des Raumes voraussetzen, dann beinhaltet das auch die Vorstellung von unendlich vorhandener Energie. Ist der Energieerhaltungssatz in einem mit unendlicher Energie gefüllten Universum sinnvoll oder geht es hier um eine Behauptung von Isaac Newton, der die Unendlichkeit des Raumes als stabilisierende Komponente für die Planetenbewegungen in seinen Berechnungen brauchte? Kann ein unendlicher und substanzloser Raum ohne absoluten Ruhepunkt und ohne ein absolutes Koordinatensystem überhaupt ein „Etwas" und damit eine Entität sein? Was geschieht aus Sicht der Enertialtheorie bei der Drehung des mit Wasser gefüllten Eimers? Erstens ist aufgrund des dritten Gesetzes von Isaac Newton davon auszugehen, dass bei der Drehung dieses Eimers eine weitere Masse im Raum beteiligt sein muss und somit auch alle diesbezüglich nachfolgenden Konsequenzen berücksichtigt werden müssen. Es kann also nicht von einem drehenden, mit Wasser gefüllten Eimer in einem ansonsten vollkommen leeren Raum ausgegangen werden. Zweitens ist dessen ungeachtet die Drehung des Wassers im Eimer vor allem energetisch von Bedeutung, denn die Drehung des Wassers wird durch die elektromagnetischen Beziehungen der Atome von Eimer und Wasser bestimmt. Die Haftung des Wassers am Eimer führt zu einer Übertragung der Bewegungsenergie vom Eimer auf die am Eimer haftenden Wassermoleküle. Diese übertragen diese Bewegungsenergie auf die ihnen nächstliegenden Wassermoleküle und so weiter. Drei zu unterscheidende Kräfte sind nun an der Wasserbewegung beteiligt: die Gravitation zwischen der Erde und dem wassergefüllten Eimer, die Bewegungsenergie des Eimers und die Bindungsenergie der Atome und Moleküle. Die Gravitationswirkung zieht das vorhandene Wasser in Richtung des Eimerbodens. Durch die elektromagnetische Haftungsbindung zwischen den Molekülen von Wasser und drehendem Eimer werden die am Eimerrand haftenden Wassermoleküle beschleunigt. Diese Beschleunigung der Wassermoleküle wird sofort durch die Drehung des Eimers also durch permanente Krafteinwirkung verändert. Ohne Eimerrand würden die einmal beschleunigten Wassermoleküle ihrer Beschleunigung entsprechen und sich dabei, Geschwindigkeit und Richtung beibehaltend, vom Eimerzentrum entfernen. Die in Richtung Eimerrand, während der Drehung, beständig wirkende Kraft drückt alle durch Drehung und Haftung in Bewegung versetzten Wassermoleküle in Richtung Eimerrand und dort, wo diese Kraft stärker ist als die Gravitation zwischen Erde und Wassermoleküle, entsteht ein Druck, der diese Wassermoleküle den Weg des geringsten Widerstandes nach oben zum luftgefüllten Eimerrand drängt. Also vollständig unabhängig von der Beschaffenheit des Raumes wird das Wasser allein durch die Kraftwirkung eine konkave Oberfläche bilden und kann somit nicht als Beweis für eine Entität des Raums herangeführt werden.
Aus Sicht der Enertialtheorie ist der Raum keine Entität und bestätigt somit nachträglich die Ansicht von Gottfried Wilhelm von Leibniz.

Masselos

Masse ist für uns auf der Erde zuerst eine körperliche Erfahrung. Da fällt etwas, vielleicht ein Hammer, vom Tisch nach unten auf einen Fuß. Im günstigsten Fall wird nun eine blaue Zehe Zeugnis geben von einem Vorgang von Gewicht. Es ist die Masse des Hammers, der von Gravitation beschleunigt zur Ursache übler Schmerzen in der blauen Zehe wird. In der Schwerelosigkeit, ohne die Anziehungskraft einer großen Masse, würde ein Hammer nur der sanften Verschiebung seiner Position weiter in Richtung und Geschwindigkeit folgen und den Fuß demzufolge nie erreichen. In der Schwerelosigkeit kann eine nicht beschleunigte Masse nur an dem Widerstand erkannt werden, den sie einer Beschleunigung entgegenbringt. Obwohl Albert Einstein in seiner genialen Formel ($E=mc^2$) die Masse nur in Beziehung zur Energie und Lichtgeschwindigkeit setzt, fällt nach seiner allgemeinen Relativitätstheorie die zu Energie erklärte (gewichtslose) Masse in einem „freien Fall" in die Raumzeit.

In der Zeitschrift „Spektrum der Wissenschaft" Spezial 1/13 im Artikel *„Die Physik – ein baufälliger Turm von Babel"* schreibt Tony Rothman: *„Uns allen ist klar, dass noch immer viele grundlegende Fragen unbeantwortet sind. Welcher physikalische Mechanismus steckt hinter der Trägheit der Masse?"*

In der Enertialtheorie, ohne „freien Fall" wird das Enertial (Energiedifferenz) zwischen den Zeitverlaufsfeldern (gewichtsloser) Massen in Bewegung gewandelt und von uns als Gravitation wahrgenommen. Diese „Bewegungsenergie" der Gravitation, die zur Annäherung von Massen und damit zu einer weiteren Verlangsamung des Zeitverlaufs führt, muss selbstverständlich bei einer Trennung von Masse durch Bewegung wieder aufgewendet werden und wird von uns als Trägheit der Masse wahrgenommen. Drittes Gesetz von Isaac Newton: *„Für jede Aktion gibt es immer eine gleiche entgegengesetzte Reaktion."* Es gibt demnach keine Bewegung ohne eine zweite Masse! Diese zweite Masse muss zur Ausübung der Kraft in Wirkungsnähe und damit im Einflussbereich der Zeitverlaufsfelder beider Massen (eines Zeitfeld-Enertials) sein. Das verstärkte Zeitverlaufsfeld-Enertial zwischen beiden Massen wird von uns als Trägheit erfahren und muss für eine Bewegung mit Kraft überwunden werden, wobei die Zeitverlaufsfelddifferenz kleiner wird. Die Masse wird in der Enertialtheorie als eine Enertialansammlung gesehen, die über die vier bekannten Grundformen der Kraftwirkung wechselwirken. Dabei kommt der elektromagnetischen Kraftwirkung eine besondere Rolle zu. Diese Kraftwirkung ist von den gigantischen elektromagnetischen Entladungsvorgängen in unserer Sonne bis zu den kleinsten uns bekannten Bausteinen dieser Welt, den Quarks, vertreten. Man kann, vom heutigen Stand der Erkenntnis ausgehend, annehmen, dass die elektromagnetische Ladung bei allen uns bekannten Erscheinungen und Vorgängen eine Rolle spielt. Alles ist aus Masse gemacht oder geht von ihr aus und somit ist alles aus elektromagnetischer Ladung gemacht oder geht von ihr aus. Wenn man nach Albert Einstein voraussetzt, das Masse Energie ist, dann müsste es sich folgerichtig bei dieser Energieform um elektromagnetische Energie, also um elektromagnetische Enertiale der kleinsten Form handeln, die über elektromagnetische Felder wechselwirken und die nach der Enertialtheorie als energietragende Zeitverlaufsfelder gesehen werden.

In der Enertialtheorie ist die Masse keine Entität, sondern ein Begriff, der die Beziehungen zwischen elektromagnetischen Zeitfeld-Enertialen beschreibt.

Der Doppelspalt und die Kausalität

„Niemand hat jemals eine Wahrscheinlichkeitswelle direkt gesehen, und nach üblicher quantenmechanischer Lesart wird es auch niemand jemals tun. Stattdessen verwenden wir mathematische Gleichungen, um herauszufinden, wie die Wahrscheinlichkeitswelle in einer gegebenen Situation aussehen müsste." (Brian Greene: Der Stoff, aus dem der Kosmos ist) Mit der *Wahrscheinlichkeitswelle* ist es also wie mit der vierdimensionalen Raumzeit. Durch die Vorgaben der quantenmechanisch ergänzten Relativitätstheorie können wir mit mathematischen Berechnungen die Wahrscheinlichkeit eines Vorgangs voraussagen, ohne eine konkrete Vorstellung oder eine bildliche Darstellung von diesem Ablauf zu haben.

Berechnen wir dabei ein „Etwas", das wir nicht vollständig verstehen? In der Enertialtheorie ist die Masse keine Entität und Teilchen sind Zeitverlaufsfeldenertialverbände deren Bindungskraft aus der Distanz und der Richtung elementarer Drehbewegung entsteht. Die ungleichmäßige wellenartige Struktur eines Zeitverlaufsfeldenertialverbundes ergibt sich aus der Verbundstruktur, der räumlichen Ausbreitung der elementaren Drehung und der damit verbundenen inneren Richtungs- und Geschwindigkeitsvarianz sowie durch einen Beschleunigungsimpuls. Bei dem Passieren von Hindernissen, die ebenso aus Zeitverlaufsfeldenertialverbänden bestehen, kann die ungleichmäßige wellenartige Struktur der Hindernisse sowie der bewegten „Teilchen" zu Richtungsänderungen führen, die auf den Bildschirmen Interferenzabbildungen hinterlassen. Zudem ist nicht zu erwarten, dass die Beschleunigung eines ungleichmäßigen wellenartigen strukturierten Teilchens, d.h. eines Zeitverlaufsfeldenertialverbundes, eine geradlinige Bewegung durch den von unzählige kleinen und großen Wellen gestörten Zeitfluss der Erde vollzieht. Vielmehr ist anzunehmen, dass eine solche Bewegung unkontrollierbar und unregelmäßig in Richtung und Geschwindigkeit abläuft, wobei die unzähligen Interaktionen nur eine wahrscheinliche Bestimmbarkeit zulassen. So ist es nicht verwunderlich, dass der Weg und die Geschwindigkeit der Zeitverlaufsfeldenertialverbände (der Teilchen) bei ihrer Bewegung durch den Zeitverlaufsfelder-„Dschungel", selbst mit einem Datenverbund nur mit wahrscheinlicher Genauigkeit vorhersagbar ist. Die Enertialtheorie kann also nicht nur eine einheitliche Sichtweise für die vier Wechselwirkungen bieten, sondern kann auch die Ergebnisse der Doppelspaltversuche ohne den Verlust einer deterministischen Weltsicht erklären.

Die Beharrlichkeit, mit der wir an dem einen, von Isaak Newton so heftig verteidigten, Raum festhalten, und dabei der (von Albert Einstein zur Energie erklärten) Masse Teilchencharakter anhängen, führt über die Quantenmechanik zu einer wissenschaftlichen Sicht ohne Kausalität und in nachfolgender Konsequenz zu einer Sichtweise, in der auch noch die Lokalität verloren geht.

Wenn wir mit einer energiegetragenen Sichtweise, so wie in der Enertialtheorie vorgeschlagen, auf die Entität des einen unendlichen Raums verzichten und stattdessen davon ausgehen, dass die bewegten Energieansammlungen mit ihren interagierenden Feldern, die wir als Masse bezeichnen, mit anderen bewegten interagierenden Energiefeldern (Massen) einen von uns als Raum benannten Bereich aus energietragenden Zeitverlaufsfeldern bilden, dann können wir auch verstehen, warum das Graviton nicht auffindbar ist, die von uns benannten Teilchen Wellencharakter besitzen und Raum erst durch die Beziehung der Zeitverlaufsfelder entsteht.

Das Universum ist Musik

Alle wissenschaftlichen Versuche, die gedacht waren, den Ablauf des Geschehens in unserer Welt zu erkennen, waren darauf gerichtet, die einzelnen Ereignisse einem großen zusammenhängenden Ganzen zuzuordnen. Zu diesem Zweck haben wir die Gesamtheit der Ereignisse in einem großen Behältnis mit dem Namen Raum platziert. Als wir daraufhin bemerkten, dass unterschiedliche Beobachter von einem Ereignis verschiedene Feststellungen machten, haben wir diese Beobachtungen relativiert. Wir erklären seitdem die von Beobachtern abhängigen Messergebnisse zu relativen Werten. Wir haben den Beobachter zum bestimmenden Teil des Ganzen gemacht und wundern uns nun über die Unbestimmbarkeit der kleinsten Details. Wenn wir eine sich fortlaufend verändernde (bewegte) Struktur vom großen Ganzen ausgehend (mit Abstand) und mit einem festgelegten Verständnis von einem relativen Raum und einer relativierten Masse betrachten, dann müssen doch zwangsweise im Verlauf einer Betrachtungszeit die kleinsten Details an Bestimmbarkeit verlieren. Um die Wirkungsweise einzelner Ereignisse zueinander und nachfolgend ihre komplexen, strukturbildenden Formen zu verstehen, brauchen wir ein Zentrum, einen festen Punkt, von dem aus ein solches Vorhaben realisierbar wird. Eine relative Raumzeit ist dafür ebenso wenig geeignet wie eine relativierte Masse, zumal weder für den Raum noch für die Masse bisher brauchbare Definitionen vorliegen. Auch die Zeit mit ihrem masseabhängigen Verlauf ist dafür denkbar ungeeignet.

Einen festen Punkt für eine Weltanschauung kann nur die stets erhaltene Energie bieten.

In der Enertialtheorie bildet die Energie eine Basis, von der aus kleinste Ereignisse über Zeitverlaufsfelder Bedingungen schaffen, die wir als Raum und Masse bezeichnen. Weil die Energie dezentral ist und Wirkungen zeitverlaufsabhängig aus unterschiedlichen Potentialen entstehen, wird der Zeitverlauf als energietragend gesehen.

Zeit und Energie sind die zwei Seiten einer Medaille.

Das Zeitverlaufsfeld ist ein Energieverlaufsfeld und somit ist die Zeit als eine Energieform zu sehen, die dem Energieerhaltungssatz untergeordnet ist. Das Universum ist eine Musik, die von der Energieerhaltung auf den Saiten der Zeit gespielt wird! Der kleine Bereich des sichtbaren Lichts ist der Klang einer Saite, dessen Wahrnehmung uns möglich ist. Wir sind auf dem Weg den Klang der anderen Saiten durch Übersetzungen zu erfassen. Wir könnten zu dem Teil dieser Musik werden, der die Komposition verstehen lernt. Oder wir veranlassen einen Energieformwechsel und werden zum dem Teil dieser Musik, der das Vernehmbare nie begreifen kann.

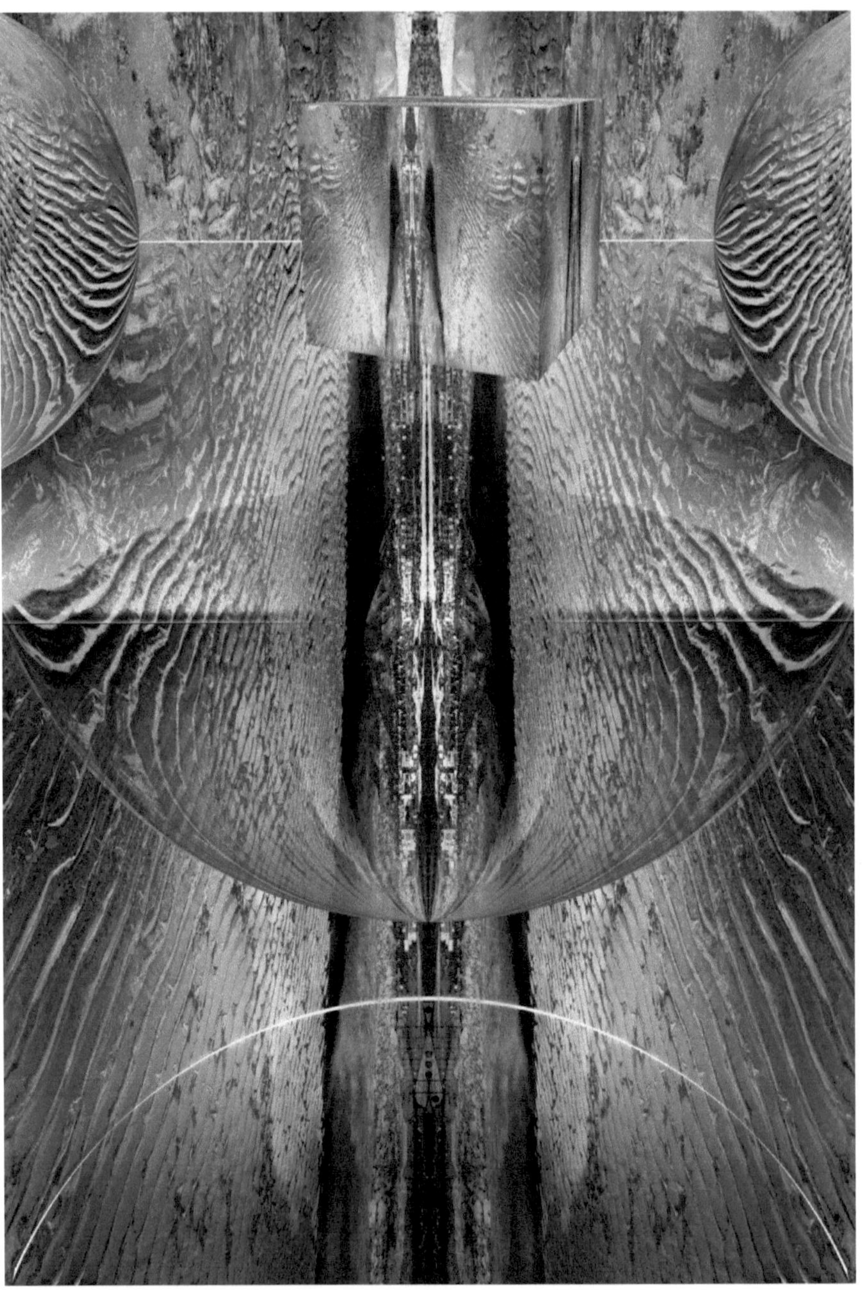

Naturkonstante oder immer konstant gemessen?

Kausalität ist ein integraler Bestandteil der physikalischen Methode.
Die Frage nach der *Causa* ist die Frage nach dem Grund und so stand ganz am Anfang die Frage: „Warum ist die Lichtgeschwindigkeit konstant?"
Die Relativitätstheorie beginnt mit dem Postulat der Naturkonstanten Lichtgeschwindigkeit. Das wäre ja auch in Ordnung, wenn man Paul nicht kennen würde. Sie kennen Paul nicht? Paul ist ein Beobachtender, der mit seinem superschnellen Raumschiff auf einer Geraden zwischen zwei Sternen dahin braust und die Geschwindigkeit des Lichts dieser beiden Sterne misst. Es ist klar, dass die Messung der Lichtgeschwindigkeit des Sterns, auf den er sich rasant zubewegt wie auch die Messung der Lichtgeschwindigkeit des Sterns, von dem er sich eilig entfernt, gleich konstant „c" ergibt. Das hat Paul schon vor dem Messvorgang gewusst. Nur weiß er nicht, in welcher der beiden relativen Zeiten er sich bewegt.

Ein Postulat aus der Enertialtheorie beantwortet die Frage:
„Warum wird die Lichtgeschwindigkeit immer konstant gemessen?"

2. Postulat: „Der Zeitverlauf ist eine Ladung".
„Licht kann aufgrund fehlender Ruhemasse nur mit der Lichtgeschwindigkeit ‚c' abgestrahlt werden, die durch das Zeitverlaufsfeld (Zeitverhalten) der Masse definiert wird, durch die sich das Licht bewegt." Weil die Geschwindigkeit des Lichts durch die Zeit definiert wird, die das Licht für eine bestimmte Strecke benötigt, beeinflusst der Zeitverlauf die Lichtgeschwindigkeit.
Im Widerspruch zur Relativitätstheorie regelt in der Enertialtheorie das Zeitverlaufsfeld die Lichtgeschwindigkeit. In der Enertialtheorie ist die Lichtgeschwindigkeit zwar nicht konstant, aber das Licht wird von den Zeitverlaufsfeldern der Massen so beeinflusst, dass sie von jedem im Zeitverlauf der Masse befindlichen Beobachter immer mit konstant „c" gemessen werden muss. Damit beantwortet die Enertialtheorie die Frage:
„Warum ist die Lichtgeschwindigkeit konstant?"

In der Relativitätstheorie regelt die konstante Lichtgeschwindigkeit die Raumzeit.
In der Enertialtheorie regelt das Zeitverlaufsfeld die Lichtgeschwindigkeit.

Mathematik und Realität

Alles ist in Bewegung, alles ist miteinander verbunden und bis zu den ersten Jahrzehnten des letzten Jahrhunderts hatte, mit Ausnahme der von Gott geregelten Abläufe, jeder Vorgang erkennbare Ursachen. Veränderungen verliefen also, ohne den Einfluss Gottes, geregelt und es hatte klare Vorteile, wenn man die Regeln kannte. Die wachsende Erkenntnis mit ihren unzähligen und einflussreichen Folgen verlangte jedoch immer häufiger einen Wechsel der Regeln. Es gab eine Sehnsucht nach Stabilität und die Suche nach einem festen Punkt. Wie heimliche Heilsbringer leuchten dabei die idealisierten Zahlen durch unsere Geschichte und deshalb wurde wahrscheinlich so oft versucht, sie mit mystischen Bedeutungen zu hinterlegen. Selbst eindeutig, klar und scharf im Wert gewährleisten die Zahlen Verlässlichkeit, Stabilität und Abgrenzung. In unserer instabilen, komplexen und bedrohlichen Welt ist die Mathematik mit ihren idealisierten Werten zum festen Punkt geworden, von dem aus wir „die Welt aus den Angeln heben" konnten und die Veränderungen verstehen lernten. Mit immer neuen Zahlen und komplexeren Verbindungen konnte jede erdachte Wahrscheinlichkeit bewiesen werden. Auch Fakten, die sich unserer Kenntnisnahme entziehen, lassen sich heute mithilfe der Mathematik in unsere Prognosen einbinden.

Sollte aber trotz der mathematischen Möglichkeit des Rechnens mit Unbekannten in Schrödingers Katzenbox eine von unseren Berechnungen unabhängige Realität existieren?

Alles Formen von Energie

Vorausgesetzt Masse ist eine Energieform, müsste dann nicht alles Formen von Energie sein? In der Enertialtheorie wird jede Form von Energie als Enertial gesehen. Die Differenz der Zustände innerhalb von Energieformen wie Temperatur, Druck, elektrische Ladung, magnetische Ladung, chemische Zusammensetzung, und potentielle Energie lassen sich als Bewegungsdifferenzen und somit als Zeitverlaufsfeldenertiale definieren. Selbst die Gravitation wird in der Enertialtheorie als Wirkung der Zeitverlaufsfelder (Enertiale der Zeit) von Massen gesehen. Weil in der Enertialtheorie darüber hinaus auch alle Wechselwirkungen als Wirkungen von Zeitverlaufsfeldenertialen gesehen werden, sind alle Zustände von Massen wie auch die Massen selbst und somit alles „Sein" Formen von Energie und damit Zeitverlaufsfeldenertiale.

Die Enertialtheorie ist nicht nur eine neue physikalische Theorie. Alte philosophische Traditionen werden mit dem Enertial, einem der Enertialtheorie zugrunde gelegten energetischen Potential, wiedererweckt. Die Welt durch Enertiale zu beschreiben erinnert an Ying und Yang, Gott und Teufel, Gut und Böse, Plus und Minus sowie Sein und Nichtsein. Selbst die komplexen virtuellen Welten, in denen wir immer perfekter die reale Welt nachbilden, sind aus dem Enertial zwischen L und 0 gebaut.

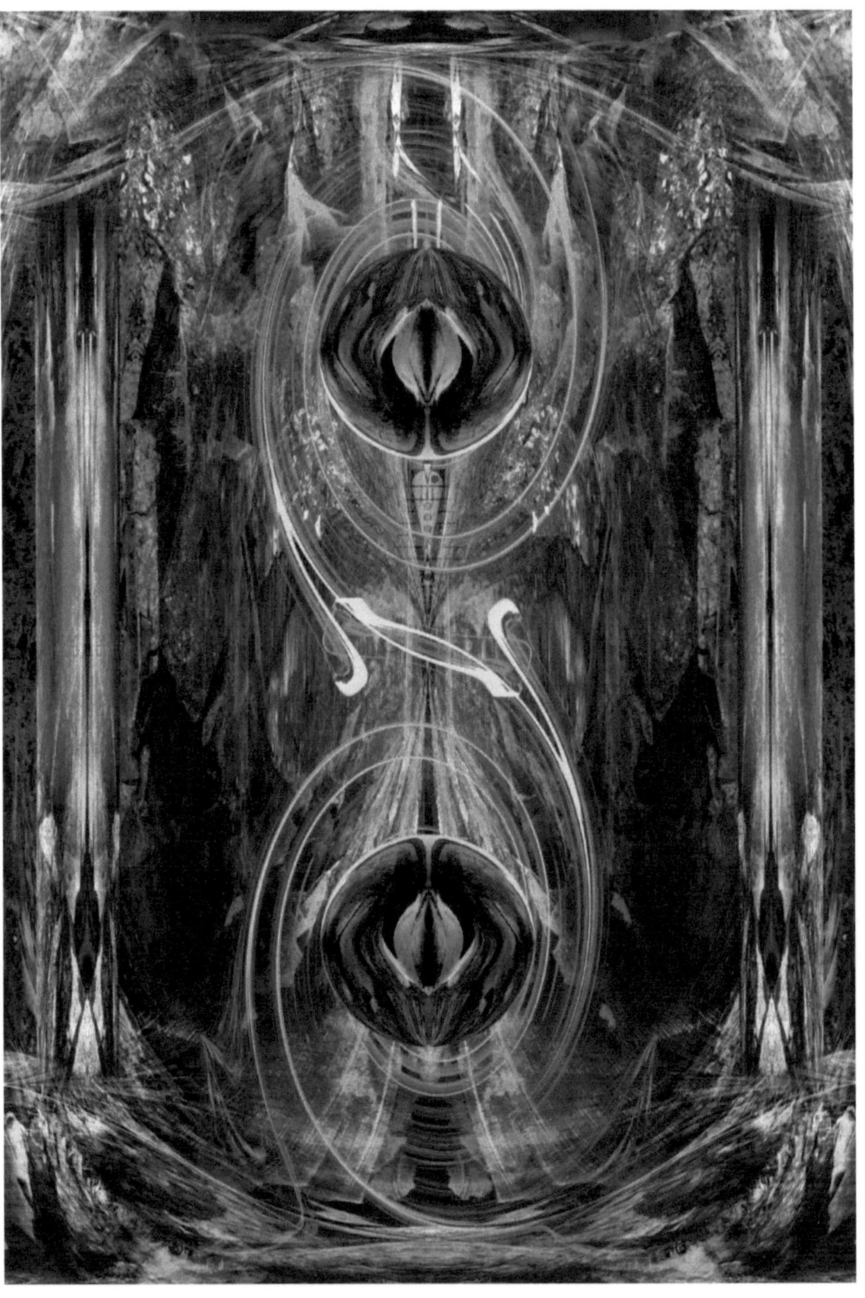

Zeit ist Energie

Mit der Zeit messen wir die Geschwindigkeit einer Bewegung in Bezug auf einen vorher definierten Abstand. Mit dieser Bewegung werden Gravitationsfelder verändert und somit Energie gewandelt.

In der Enertialtheorie wirkt jede Energieform und jede Wechselwirkung als Bewegungsenergie. Ansammlungen von Energie in der Form von Masse verändern aufgrund der Nähe ihrer Zeitverlaufsfelder den Zeitverlauf. Masse ist Energie und damit Bewegungsenergie. Wenn mit der Größe einer Ansammlung von Bewegungsenergien der Zeitverlauf um diese Ansammlung verändert wird, dann muss davon ausgegangen werden, dass ein Wirkungsfeld um eine Bewegungsenergie bei einer Annäherung an ein Wirkungsfeld einer anderen Bewegungsenergie eine Veränderung verursacht. Weil die Wirkung dieses Feldes auf eine Zeitveränderung beschränkt ist und keine weitere Wirkungskraft für ein Wirkungsfeld der Bewegungsenergie bekannt ist, wird in der Enertialtheorie davon ausgegangen, dass jede Bewegungsenergie von einem Zeitverlaufsfeld umgeben ist und mit den Zeitverlaufsfeldern anderer Bewegungsenergien wechselwirkt. Die Zeitverlaufsfelder tragen Bewegungsenergie, wobei die Geschwindigkeit der Energieansammlungen zueinander als Ladung zu sehen ist. Je mehr Bewegungsenergie die Zeitverlaufsfelder tragen, umso langsamer vergeht die Zeit. Aufgrund der Energieerhaltung summieren sich überlappende energietragende Zeitverlaufsfelder, verlangsamen damit den Zeitverlauf in den sich überlappenden Bereichen und bewirken eine Verdichtung der Bewegungsenergieansammlungen.

Bleibt die Zeit stehen, endet die Bewegung.

Die Zeit ist eine Energieform, die durch Bewegung in allen Wechselwirkungen und Energieformen wirkt.

Zeit ist die Energie des Seins.

Albert nach Einstein?

Die Leistungen von Albert Einstein für die Physik sind bewundernswert und unverzichtbar. Seine Relativitätstheorien waren visionär, revolutionär und für unsere Entwicklung bestimmend.

In einer finsteren Zeit gesellschaftlicher Umbrüche hat er die Zeit zu einer relativen Größe der Physik erklärt. Eine fast unglaubliche Behauptung wenn man dem zwanghaften Hintergrund der physikalischen Notwendigkeiten keine Beachtung schenkt. Es war diese Vorarbeit der besten Denker, ohne deren Leistungen die in diesem Buch nachgefolgten Vorstellungen, Korrekturen und Schlussfolgerungen nicht möglich gewesen wären. Auf den restaurierten Füßen der großen physikalischen Vordenker ist in diesem Buch eine neue Theorie gewachsen. Die Enertialtheorie entwickelt den Charakter der relativen Zeit weiter, in dem sie der Zeit ein energietragendes Feld zuordnet, den Raum vom Korsett einer newtonschen Vorstellung befreit, die Definition der Masse zeitgemäß beschreibt und so mit einer veränderten Sichtweise für die aktuellen Probleme der Physik neue Lösungswege vorschlägt.

Mir bleibt eine Bewunderung für alle Leistungsträger der Wissenschaft und die dankbare Freude aufgrund ihrer Erkenntnisse, eine so umfassende Vorstellung von dieser Welt gefunden zu haben.

Zusammenfassend hat die Antwort auf der Suche nach einer Ursache der Naturkonstanten Lichtgeschwindigkeit zum Verzicht auf die Entität des Raumes geführt und so auch die Unendlichkeit infrage gestellt. Der Vorgang der Bewegung, der allen Wechselwirkungen und Energieformen zugrunde liegt, hatte damit den Charakter der Relativität verloren und musste nun als ein absoluter Vorgang eines Energieformwechsels zwischen energietragenden Ladungen und somit selbst als Ladung gesehen werden. Weil der ungebundene Abstand keine energietragende Größe sein kann, die Zeit um eine Masse einem Verlaufsfeld gleicht und Felder Energie tragen, folgte nun die Frage nach dem Charakter der von uns bereits definierten Felder. Die Beschreibung der „spukhaften" Nahwirkung der elektromagnetischen Felder führte deshalb zu der Annahme, dass alle Felder energietragende Zeitfelder sein könnten. Damit war die Notwendigkeit einer neuen physikalischen Theorie entstanden. Die energietragenden Zeitfelder können die Wechselwirkung der Gravitation erklären, die Fortführung dieser Wirkung bis in den unglaublich nahen Bereich der Atomkerne verstärkt diese Wirkung auf ein Maß, das an die starke Wechselwirkung erinnert. Bei noch kleineren Abständen und der Vielzahl der Beteiligten können energietragenden Zeitfelder auch als Ursache der schwachen Wechselwirkung gelten und selbst die elektromagnetische Wechselwirkung würde statt der „Schwingungen von Nichts" mit den energietragenden Zeitverlaufsfeldern eine Erklärung finden, was zu beweisen wäre! Nachfolgende Schlussfolgerungen führten von den kleinsten Energieformen zum Enertial des Seins. Mithilfe der Enertialtheorie waren für die Messergebnisse der Doppelspaltversuche einfache logische Erklärungen zu finden. Unsere Welt könnte so ohne idealisierte Bezugssysteme und somit weiterhin in kausalen Zusammenhängen erklärt werden.

Ein Universum aus Energie und wir mittendrin, hochkomplexe empfindliche Bündel aus Energie und wenn wir das zulassen wollen, in dem wir Extreme meiden, in der „besten aller möglichen Welten".

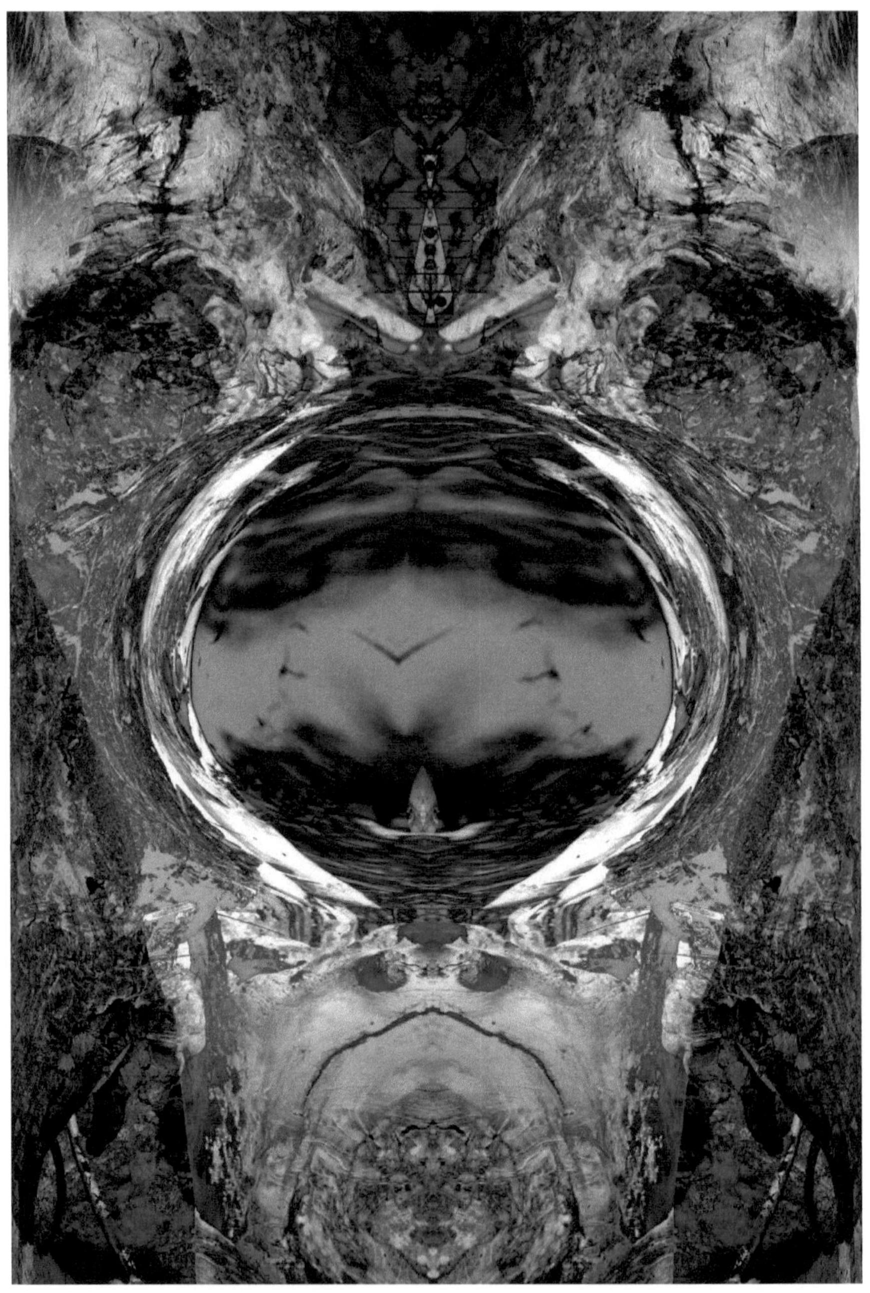

Epilog: Auf dem tiefen See

Auf dem tiefen See in Potsdam, unweit von Caputh, wo Albert Einstein eine kurze Zeit wohnte, gleitet nahe der Humboldtbrücke ein kleines Segel durch den Nebel. Unvermutet wie ein neuer Gedanke oder eine überraschende Erkenntnis taucht aus dem dunklen Wasser, auf dem sich das kalte Lichtgrau des Morgens spiegelt, ein Wesen auf, setzt einen Kreis von Wellen in Bewegung und verschwindet unerkannt wieder in der Strömung. Am Ufer kleiden sich Bäume und Sträucher in ein verwaschenes Grau und in die Stille des beginnenden Tages mischt sich das leise Plätschern der kleinen Wellen.

Wie ein verwehter Scherenschnitt werfen drei Gestalten auf einem Boot ihre Schatten in die Nebelschwaden. Ein vom Boot kommendes tiefes Murmeln, das einem Mantra gleicht und an ein Gebet erinnert, schwappt als dumpfer Klangfetzen ans Ufer. Ein Mann, vorn auf der Spitze des Bootes sitzend fragt: „Albert, was willst Du mit dem Fisch machen, wenn einer anbeißt?" „Habt Ihr schon mal gehört, dass man zum Angeln Stille braucht?", fragt der Angesprochene leise zurück. Da unterbricht der Dritte hinten im Boot, der mit einem Buch in der Hand in eine Decke gewickelt ist, sein fortlaufend wiederholendes Gemurmel und flüstert: „Da schaut mal, da läuft er!" „Ja", grummelt Albert, „und verscheucht mir mit seinen lauten Schritten die Fische." „Wegen des Angelns sind wir aber nicht hier und überhaupt, was willst Du mit den Fischen?", fragt nun auch der Mann hinten aus dem Boot. „Es geht ums Fangen, es ist ein Sport, es geht nur darum, ob Du es schaffst oder nicht", antwortet der Angler und holt mit den Worten „ist nun ohnehin vorbei" die Angel ein. „Da drüben auf dem Weg zum Theater läuft der Autor einer einheitlichen Theorie", versucht es der Mann mit langem Bart von hinten erneut. „Auf dem Weg zum Theater?", spottet der Mann jetzt auf der Bugspitze und stichelt weiter: „Ist er Schauspieler, Techniker oder gehört er zur Verwaltung und will die Theorie aufführen lassen?" „Er ist ein Nichts und schreibt an einer neuen Theorie und vielleicht könnten wir ihm helfen", sagt der bärtige Mann aus dem Heck sachlich und leise. „Was wissen wir schon und wie sollten wir diesem Gaukler helfen?", fragt achselzuckend der Mann von vorn. Mit einem kaum wahrnehmbaren Blitzen in den Augen sagt Albert: „Der hat nichts zu verlieren! Er kämpft nicht um einen Stuhl in Cambridge und kein Papst wird ihn einsperren." „Warten wir ab und sehen, was passiert, wenn diese Theorie bekannt werden sollte" sagt vorsichtig der Bärtige und fügt hinzu: „Jetzt ist er ohnehin angekommen und es wird ihm keine Zeit mehr bleiben, an uns zu denken." Albert murmelt: „Der Typ hat mich verärgert. Ich werde das Gefühl nicht los, dass er mir irgendetwas wegnehmen will." Der hinten im Boot fragt: „Was will er Dir denn wegnehmen? Du hast doch schon alles verloren, was ein Mensch verlieren kann!" Und der von vorn spottet flüsternd zur Seite: „Einen Fisch." Verärgert schimpft Albert in den sich ausbreitenden Nebel: „Also eines steht auf jeden Fall fest. Euch zwei nehme ich nie wieder zum Angeln mit."

Was bleibt

Zeit ist das wertvollste Gut einer Partnerschaft! Die ungezählten Stunden, die in dieses Buch geflossen und somit der Gemeinsamkeit mit meiner Frau verloren gegangen sind, verdienen ein großes, fett in dieses Buch geschriebenes

Dankeschön.

Ohne meinen Freund wäre dieses Buch nie geschrieben worden. Er hat mich auf den Weg gebracht und er hat die ersten Schritte begleitet. Danke.

Den vielen Freunden und Kollegen, die meine Gegenwart mit Physik ertragen mussten – habt Dank.

Und Dank gebührt auch allen, denen ich Zeit schuldig geblieben bin.

Heli

Das Bild auf dem Coverumschlag ist von Fritzi Hebestadt.

Danke für ein so umfassend passendes Bild!